歴史を 進めた 植物の姿

【ヴィジュアル で見る】

植物とヒトの共進化史

河野智謙

g

はじめに

ヒトの歴史はヒトだけが単独で作り上げたものではない。歴史の重要なポイントで植物が重要な役割を果たしている。すぐに同意できないかもしれないが、本書の事例を読み進めると、次々に登場する植物たちがヒトの歴史を共につくってきたという表現の意味をくみ取ってもらえるだろう。一方、10億年をかけて多細胞の光合成生物として進化してきた植物も、ヒトとの接触によって急激な変化（進化）を遂げている。もしかしたら、本書の中に登場する何人かの研究者が言うように「植物たちは人類が現れ、土を耕し、植物を生活に取り入れるのを待っていた」のかもしれないし、本当にヒトは「植物との特別な契約のもとで共進化する関係」にあるのかもしれない。過去1万年のヒトと植物との関わりへの理解は、これからの人類の進むべき道や人類を待ち受ける様々な課題を乗り越える知恵を育む行為でもあるように思える。これらの新しいアイデアを読者諸兄と共有できることを願って、さあ、これから植物とともにたどる「時間の旅」を始めよう。

目 次

目 次

第1章

人類に出会う前の植物たち

〈人類誕生以前〉

私たち人類は植物の歴史から見たらまったく新しい生物である。第1章ではヒトとの接点が生じる前の、生物としての植物の歴史を、地球の歴史に沿って俯瞰していく。長い時間をかけて行われた植物の進化は、まるでヒトと出会う準備をしているかのようにも見えてくる。

11月20日、植物は陸上へ
12月30日、人類はまだいない

　本書では、植物がどのように人類の生活のあり方を変えてきたのか、また、ヒトがどのように植物の分布や形、性質までを変えてきたのかを理解するために、植物とヒトとの関わりを世界史のスケールで俯瞰していく。

　人類の歴史的スケールでは、過去数百年から数千年の出来事を扱うことが多いが、生物の歴史はずっとずっと長い。前者と後者の時間的なスケールの違いを感覚的に理解するために、地球ができてから現在までの時間（46億年）の流れを、1年間に置き換えたカレンダー「地球カレンダー」に例えられているのを見たことがある人も多いだろう。1月1日の午前0時0分に地球が誕生したとすると、細胞を持った生命の誕生は2月中旬で、植物の光合成の起源にもなる、酸素を発生する生物の誕生が5月末。細胞の中に核を持つ生物が現れたのが夏休みの始めの時期にあたる。この夏の頃、すべての生物はまだ単細胞生物だった。初めて多細胞生物が現れたのは、秋の始まりを感じる10月中旬で、この頃まで生物は、海の中で生活をしていた。

　さて、ここからは、植物たちの歩みを日記風にたどりたい。11月18日に起きたカンブリア爆発などの動物たちの入れ替わりと形の大変化を横目に見ながら、植物は11月20日に藻類から進化し、陸上への進出に備えていた。11月24日、最初に上陸した植物が現れた（オルドビス紀中世の化石）。12月7日、裸子植物と被子植物が分かれた。12月16日、初めての花が咲いた（三畳紀）。12月21日、スイレンに「花らしい花」が咲いた頃、いろいろな種類の草が生えてきた。12月26日、隕石衝突のショックで多くの植物が消えていく中、生き残った植物たちは何度もゲノム数を変えて、多くの種を生み出した。そして1年も終わろうとしている12月31日16時38分、一番若い草の仲間、イネ科植物が生えてきた。陸上の植物のバイオームはこうしてほぼ現在に近いものに形成されていった。

　このあと、再び地球上の植物の「変化」が大きく加速する出来事が起きる。2章以降で見ていく、ヒトによる植物の栽培化である。ヒトが植物の栽培を始めてから現代までは、おおよそ1万年間の出来事であり、地球カレンダーでは、1年の最後の日の最後の1分間ほどに相当する。つまり地球の歴史のうち364日23時間59分間は、ヒトと植物が出会うまでの準備期間だったといえる。

(1)

〈デボン紀・石炭紀〉

今も森と生き続ける
最初の植物種

海からの先遣隊はコケの仲間

　海の中で光合成を行う藻類として進化してきた植物の仲間が初めて陸上に上がったのは、地球カレンダー上では既に年末が近づいた11月29日～12月3日の間。これはデボン紀（4.192～3.589億年前）に相当する。海での光合成を通じて大気中の酸素濃度を高め、オゾン層の形成に貢献した植物が、やっと紫外線が弱まった陸上への進出を果たすことができた時期である。

　大陸が現在の形になる以前にコケの仲間が陸上に広がったことから、コケの仲間の種の分布は、大陸間の偏りが少ない。コケの仲間の特徴としては、光合成を行う葉のような緑色の組織と、岩盤などの固形物の表面に固着する根のような構造を持つが、根、茎、葉の明確な区別はなく、維管束も持たない。陸上に適応したとはいえ、乾燥に耐える構造を身につけておらず、水の周辺からは離れることができなかった。有性生殖で繁殖する際は配偶子が水中を泳いでパートナーとなる個体に到達する必要があり、葉状体を水中に浸漬できる程度の十分量の水を必要とした。

（2）コケ植物とは、陸上植物であり、維管束を持たない植物の総称。蘚類・苔類・ツノゴケ類という異なる植物のカテゴリー（綱）が含まれる

（3）18世紀に描かれた石炭紀の巨木群のイラスト。リンボク（*Lepidodendron*）とフウインボク（*Sigillaria*）が茂る森

巨木となったシダの森

　最初の陸上植物であるコケにはまだ葉や茎の区別がなく、維管束もなかったが、遅れて登場したシダの仲間には、明確な葉と茎と根が存在した。ただ茎に維管束構造が発達してはいるが、繁殖にはコケの仲間と同様に水の中を泳ぐ胞子を利用する。そんなシダが登場したのは、地球カレンダーの12月3日～12月8日の期間に相当する石炭紀（3.589～2.989億年前）と考えられている。

　シダ類は温暖だった石炭紀に地球上で大型の植物体（巨木）に成長して地表を覆い尽くし、コケの仲間とともに森のようなものを形成したと考えられている。それらは数千万年に渡って、活発な光合成を行い、大気中に豊富だった二酸化炭素を吸収・固定し、植物遺骸の層を蓄積していった。これが後に地下の高温高圧条件下で圧縮され、燃焼しやすい化石燃料になったと考えられている。なお、これらの地中に封入された炭素源を再び大気に二酸化炭素の形で放出を始めたのは、産業革命以降の人類である。

（4）石炭紀に鬱蒼と茂るシダの森の想像図。シダが根を張れない岩盤の表面は、緑色のコケで覆われていたと考えられている

〈ペルム紀〉

陸上の風で
繋がる
裸子植物の森

右（5）ペルム紀の針葉樹と、下（6）針葉樹とソテツが混在する三畳紀の森の想像図

長寿命の植物群、針葉樹の登場

　長寿命で高木にまで育つ針葉樹が登場したのは、地球カレンダーで、12月8日〜12月11日の期間に相当するペルム紀（2.989〜2.519億年前）。内陸に進出するため、乾燥に強い針状の葉を持ち、交配も水に依存せず、風で遠方まで花粉を飛ばす。雌花が変異して、鱗片が球状に重なり合った球果（いわゆるマツボックリの構造）の中に種子をつくるのが特徴である。アリゾナ州では、三畳紀のナンヨウスギの大型化石（珪化木）が多数見つかっており、現存種にも大型で長寿命のものが存在する。米・カリフォルニア州に自生する現存種のセコイアデンドロン（*Sequoiadendron giganteum*）は、地球上で最大の生物である。同種の最大個体の樹齢は、2,300〜2,700年。現時点で高樹齢と推定される針葉樹の個体として、推定樹齢4,000〜5,000年のイトスギ属やブリストルコーンパイン、地下の根のみ9,000年の樹齢を持つオウシュウトウヒなどが知られる。

PAYSAGE DE L'ÉPOQUE TRIASIQUE (PÉRIODE CONCHYLIENNE).

〈三畳紀・ジュラ紀〉

太古の記憶を残す
「生きた化石」の出現

ヤシに似ている、まったく違う種

　幹の頂上で羽状の葉を放射状に広げ、ヤシの木を彷彿させる樹形のソテツ。裸子植物のソテツの仲間が現れたのは、12月11日〜12月15日に相当する三畳紀（2.519〜2.013億年前）と考えられている。少し先に登場した針葉樹とともに森をなし、当時の陸地を覆っていたことだろう。

　その見た目からヤシの仲間と間違えられることも多いソテツだが、被子植物門の単子葉植物であるヤシ類と裸子植物のソテツ門に属するソテツでは、門レベルで系統が大きく異なり決して近縁ではない。繁殖時には精子をつくる特徴があり、根にはマメ科で知られているような根粒がある。シアノバクテリアを根粒に共生させることで窒素固定を行えるため、栄養の乏しい土地でも生育できる。ソテツの仲間の多くは絶滅したため、現存する種は「生きた化石」と呼ばれることもある。日本では南九州、沖縄などの温暖な地域に多くの個体が自生している。

上・(7)三畳紀のソテツの仲間のイラストと、下・(8)ソテツの近縁種の種子

Fig. 265. — Cycadées de la période triasique

Fig. 266 — Fruits de cycadées, pétrifiés

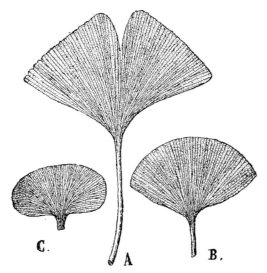

Fig. 47. — Feuilles de Salisburiées diverses.

A. *Ginkgo biloba*, Kaempf. -- B. *Ginkgo (Salisburia) antartica*, Sap. — C. *Ginkgo (Salisburia) martenensis*, B. R.

(9)イチョウの現存種（A）と絶滅種（B、C）の化石のスケッチ

恐竜時代から変わらない身近な植物

　かつてチャールズ・ダーウィンは、著書の中でイチョウを「生きた化石（living fossil）」と評した。実際、現在見られるイチョウは、恐竜たちが生きたジュラ紀（2.013〜1.45億年前）に繁栄したとされる裸子植物門イチョウ綱に属する植物群の内、唯一、現存する種であり生命力の強い樹種だ。広島で原子爆弾による爆風と放射能を浴びても生き残った個体があることでも知られている。

　イチョウは種子植物でありながらソテツと同様に繁殖時に精子をつくる。発見したのは、明治・大正期の植物学者、平瀬作五郎である。

　なおイチョウの属名「Ginkgo」は、日本語の銀杏に由来。本来ならギンキョーとすべきところを、出島に滞在した博物学者ケンペルの報告を参照したリンネによってGinkgoと記載された。

〈～第三紀〉

人類の出現前夜に
バイオームは形成された

森林、草原、荒原の形成

　12月26日にあたる白亜紀（1.35億年前）の始め頃、ついに被子植物が全盛を迎える。花を咲かせるこれら被子植物が、昆虫や鳥を呼び寄せるために多様に進化したこともあり、地球カレンダーにおける12月29日（新旧第三紀の変わり目、約2,300万年前）までに、陸上ではバイオーム（森林、草原、荒原）を規定する植生がほぼ形成され終わっていた。下記の各植生はそれぞれヒトの食と生活を支える場となっていく。

【多様な生物の宝庫、熱帯雨林】

　生物多様性に富んだ豊かな自然を特徴とする、熱帯性の森林植生。年間を通じた高い気温と豊富な降水量のもとで形成された。人類との接点を経て、最初の栽培植物を生み出し「根栽農耕文化」を創り出す素地となった。

【温暖で豊かな森林、照葉樹林】

　温帯域で森林のバイオームを構成する植生。農業が開始される以前の人類の生活をこの植生による豊かな自然が支えた。熱帯から派生し、温帯域に適応した栽培植物群を生み出す素地となる（照葉樹林農耕文化）。

（10）19世紀に描かれた、第三紀のヨーロッパの風景の想像図

Fig. 49. — Abatage d'un Sequoia géant.

（11）19世紀、ファーブルの著書に描かれた伐採されるセコイアデンドロン。針葉樹林は亜寒帯に暮らす人々に食、燃料、材料と多くのものを与えた

農耕文化を育む大地も準備された

【聳える木々がつくる針葉樹林】

　亜寒帯の森林バイオームを構成する植生。針葉樹は寿命が長く、高木として成長するので日照を奪う競争において優位となり、針葉樹林として発達していく。

【イネ科の草本を生み出したサバンナ】

　温暖だが降水量が多くなく、森林が形成されないサバンナは草原のバイオーム。イネ科をはじめ、多くの草本を生み出す。夏作の穀物および雑穀を栽培する「サバンナ農耕文化」の素地となる。

【古代オリエント文明周辺の乾燥大地】

　草原のバイオームを構成する、低温で乾燥した土地を代表する植生。オオムギやコムギなど冬作作物の多くを生み出す「地中海農耕文化」の素地となった。

【寒地に根付いたツンドラ】

　荒地のバイオームのうち寒冷地を代表するコケや地衣類を主体とした植生。年間の大部分を氷点下で過ごすため低温環境への耐性を持ち、短い夏に効率的に光合成を行う。荒地の内、乾燥域の植物がいない植生は砂漠である。

その昔、パリもロンドンも ジャングルだった

地質学の研究によると、パリやロンドンなど、
現在のヨーロッパの人口密集地が、かつては、熱帯雨林だったことが分かる。

パリは言うまでもなくフランス最大の都市であり、ロンドンと並んでヨーロッパの政治、経済、文化などの一大中心地である。古くから水運の要所であり、セーヌ川の小さな中洲に過ぎなかったシテ島は、セーヌ川の渡河点として紀元前3世紀前後には、鉄器時代のケルト民族として知られるパリシイ族が集落を形成するようになっていたことがわかっている。パリの語源は、このパリシイ族からきている。現在の人であふれるパリの中心部の喧騒からは想像しにくいが、パリの地下には、沼地と中州での水に囲まれたケルト時代の人々の営みの痕跡が残されている。

白亜紀のパリは熱帯の海

パリ市の紋章に刻まれたラテン語の標語の意味は、「波にもまれても沈まず」であるが、さすがに1億年も前になるとパリの地は海面の下にあったはずだ。現在よりも高温だった白亜紀にあたる今から約1億年前のパリは、浅い熱帯の海で、カルシウムを含む植物プランクトン（円石藻）が大繁殖し、第三紀層の岩盤の上に、厚い白亜紀の石灰岩層を形成した。つまり、パリ盆地は、藻類の岩でできている。実は、パリも、ブルターニュも、そしてドーバー海峡を挟んだロンドンも、地表の土壌はわずかで、その下に厚い白亜紀の石灰岩の層が眠っている。この地域は、藻類の光合成でできた一枚岩と言っても良さそうだ。

琥珀が教えてくれる ジャングルの痕跡

一般に、熱帯雨林の植生をイメージして思い浮かぶのは、ヤシの仲間だろうか。19世紀の書籍の始新世（5,600万年前から約3,390万年前）のフランスの植生を想像したイラストには、ヤシの木が茂る熱帯雨林が描かれている。実際、パリ周辺のセーヌ川流域の地層からも、ロンドン周辺のテムズ川河口域のシェピー島からも、既に絶滅種となったヤシの果実の化石が出土している。これは、東南アジアの熱帯雨林に現存する、マングローブヤシとして知られるニッパヤシの近縁種と考えられている。

琥珀も、過去の植生について教えてくれる。パリの北に位置するオワーズ県は、琥珀が産出することで知られる。琥珀を作ったのは、マメ科植物の祖先にあたる樹木（*Aulacoxylon sparnacense*）と考えられてきた。この種は、白亜紀の後の植物の大量絶滅と急激なゲノム倍数化の連鎖をともなう加速的な進化の過程で出現し、消えていった種である。近年、5,500万年前の琥珀の抽出物の分析から、新規のジテルペン物質（quesnoinと命名）が検出された。この新規化合物は、現在はアマゾンの熱帯雨林でしか生育が確認できないヒメナエア属の樹木に特有のテルペンに構造が類似している。このことは、始新世初期のパリ盆地が熱帯雨林の中にあったことを示唆している。

(12) 19世紀に想像されていた始新世の森林の様子。パリやロンドンにもこのような光景が広がっていたのかもしれない

Fig. 368. — Paysage de la période miocène à Lausanne, d'après Oswald Heer.

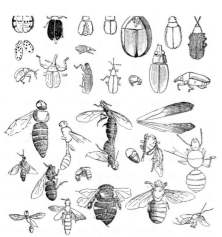

Fig. 369 et 370. — Insectes fossiles de la période miocène.

FIG. 68 — Fruit fossile.
(*Nipadites ellipticus.*)

左 (13) 始新世初期のパリ盆地の地層から出土する琥珀からは、多くの昆虫の化石も見つかっている。図は19世紀に描かれた琥珀から見つかった昆虫の化石のスケッチ。右 (14) 約4000万年前のテムズ川下流の地層から出土したニッパヤシ類の果実の化石

第2章

人の定住と
植物の利用

〈農耕文化以前〉

人類の誕生から「農業」が生み出されるまでに20万年前後の時間が必要とされた。その間、ヒトはただ森や草原の恵みを享受していただけだったのだろうか。本章ではヒトの生活が野草から雑草の集団を生み出し、その中から栽培植物を見出していくプロセスを追いかける。

ヒトは、森の恵みに働きかけて知恵を蓄積していった

人類の生活様式が「農業」を基礎においた定住生活に変化したのは、10,000〜12,000年前とされるが、それまでに地球の各地に点在していた先史時代の人類は、狩猟と採集を行いながらも、少しずつ周囲の環境や生物に対し働きかけるための技術と知識を蓄積し、より良い生活空間と食料を手に入れていったと考えられる。本章では、植物が栽培化される前の期間の人と植物の関わりを俯瞰する。なお、本書では、意識的に取り入れた視点がある。日本列島では、他地域よりも早く新石器時代に突入し、植物を利用するノウハウを構築していきながら農耕文化の到着を待ち、異なる地域から異なるタイミングで波状伝播してくる全ての農耕文化から有用な要素を取り入れてきた地域的な特徴を持つ。このような、植物栽培化の波の定点観測地点として日本列島での象徴的な出来事を本章の中で可能な限り取り上げている。

豊かな自然に働きかける道具の開発

先史時代の人類が最初に利用できた資源は「森」であり「木」だろう。森という豊かな生態系に働きかけるうえで、森の恵みを加工するために手に入れた象徴的なツールとして「火」、「石」、「土」、「水」をあげることができる。「火」とは、文字通り、火を燃やす知識・技術であり、プラズマ状の高エネルギー状態で物質を操ることができる生物種はヒト以外にはいない。火を使うことで、植物をはじめとする食物の加熱や「土」や木材の加工、さらには生態系の局所的な焼却が可能になった。「石」とは、石器であり、効率よく植物を加工するためには旧石器（打製石器）から新石器（磨製石器）への移行を通じて丈夫で鋭利な刃を持つ道具類を入手する必要があった。「土」は、火の高度な利用ができるようになった人類が手に入れた耐熱性の容器、土器である。土器を手に入れることで、焼く以外の食物の加熱が可能になり、植物の可食性を大きく高めることができた。「水」とは、水源での飲用水の入手にとどまらず、水の携帯・運搬技術の獲得に始まり、道具としての水の利用である。さらに効率的に植物を栽培するには、初歩的な灌漑技術が大きな武器になる。人類が「農業」を手に入れるまでには、これらのツールを操るための準備期間が必要であったといえる。

ヒトと植物の「共進化」という視点

本書の文中では、ヒトの生活が野草から雑草の集団を生み出し、その中から栽培植物を見出していくプロセスを考察するにあたって、中尾佐助の言葉を受けて、「植

物は、人の周辺で自ら変化した、すなわち、植物はヒトが土地を耕すのを待っていた」、という視点を紹介した部分が出てくる。これはヒトと植物との「共進化」としての農業の始まりと発展を考えるうえで、興味深い視点である。

一方、ダーウィンの思想的後継者ともいえるリチャード・ドーキンスは、人の文化的・社会的な側面を「拡張された表現型」と捉え、遺伝子のみに依存しない進化の形を提唱している。また、人の知識やアイデアをウイルスのように水平伝播する遺伝子に似たものとして捉え、遺伝子（gene）と韻を踏むミーム（meme）という言葉を当てた。この考えに立てば、農業という人類が生み出した、植物との生産的な関係を築くノウハウもミームの一種である。初期の農業が生み出されたのは、地球上の一部の地域であるが、それ以外の地域の人々は、新しいミームの到来（水平伝播）の時を待ち続け、受け入れ、改良し、次の世代へと伝えてきた（垂直伝播）、といえる。

定点観測地点としての日本列島

最初期の植物栽培のノウハウの伝播の「波」から最も新しい「波」までを経験してきた地域の例として、本章では、日本列島での事例を重視したい。この地域は、狩猟・採集のステージにあった人類が、最初期の農耕文化というミームを受容してからも、異なるタイミングで到達する異なるミームの伝播を経験し、順次、受容と改良を繰り返してきた地域といえる。日本列島には、早くから人類が移り住み、旧石器時代から縄文時代にかけて、農耕文化の受容に必要な石・火・土・水の要素技術が成立していたことを考古学的な資料からうかがい知ることができる。

各要素技術の例を挙げると、世界最古の磨製石器は日本列島から数百点が出土している局部磨製石斧であると考えられている。多くが3万〜4万年前のものとされ、世界の他の地域の最古の事例よりも1〜2万年ほど先行している。火の利用と土の利用は、世界最古級（約16,000年前）の土器の出土（大平山元I遺跡）や1万3千年前の野焼きの痕跡（阿蘇）などの事例を挙げることができる。また、水の利用を可能にする気候条件が備わることで、水をふんだんに利用した食材の無毒化や加工を可能にした。その結果、他地域で発生した農耕文化に由来する栽培植物は日本列島に到達し、定着した。新しい農耕文化の伝播は、人々の移動を伴うと考えるのが自然であるが、新たに土地に移り住んだ人々は、順次定点観測者に加わっていったといえる。

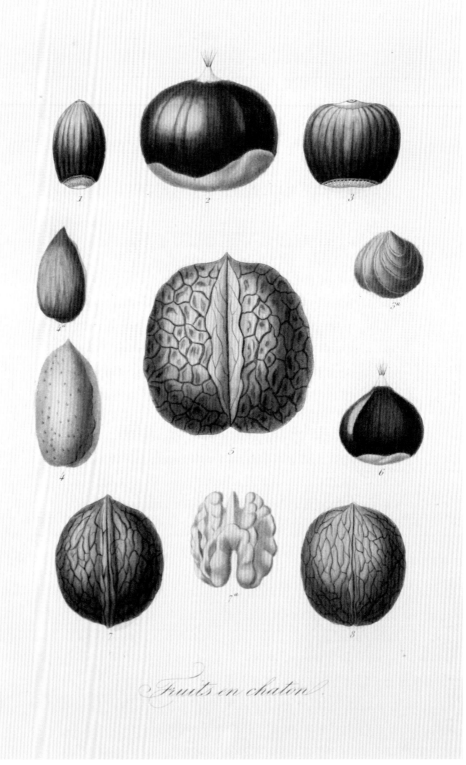

Fruits en chaton.

考古学から見えてくる
食を支えた森の植物

ある時、北欧の冷たい大地で若い男たちの不審な遺体発見が相次いだ。男たちの推定死亡時期は2,000〜2,500年前の鉄器時代に集中していたが、古いものは10,000年前にまで遡れるものもあった。腐敗防止効果の強い有機酸（フミン酸）を高濃度で含む泥炭湿地の中に残されていた数百体に上る遺体の保存状況は良好で、皮膚も内臓も、刃物で切りつけられた痕跡も、さらには死亡当日に食べたであろう食材も、そのままの形で保存されていたという。

考古学者の興味は胃の中に向けられ、胃からは、多くの植物の種子が見つかった。オオムギ、エンバク、アワの近縁種などの穀物・雑穀に始まり、アマ、シロザ、ノハラツメクサ、ナズナ、スズシロ、オオバコ、ソバカズラなどの雑草まで。雑草類は、現代の北欧の麦畑でみつかる雑草と大差ないことから、その当時の農業の様子も推測できることとなった。このように、考古学資料は、食用植物の伝播の考証に対する強力な武器となる。

考古学が明らかにする植物との関係性

ヒトが生きるためには必ず何かを食べる必要があり、さらに健康的で充実した生活を送るためには、食品には必要な栄養素のすべてが含まれていることが望ましい。これはいつの時代にも共通する普遍的なことであり、一定数の人口の集合体ができれば、必ず食事に関係した痕跡が残るはずである。そのために文明が興った地域で、どのような食品・食材が利用されていたのかだけでなく、環境、経済基盤（農業への依存度など）、食材の地元での調達の割合（栽培・採取されたものか、輸送されたものか）などの手がかりの調査が行われる。

例えば、古代メソポタミアでは、くさび形文字のテキストやレリーフ上に表現されている動植物のデザインを頼りに上記の情報を、明らかにし、文明を支えた食の全体像が見えてきた。一方、日本国内でも過去1万年にどのように植物が食用に利用されてきたのかが考古学資料から明らかになってきている。

ここからはそのような歴史時代に移行する前後の植物とヒトとの関係を確認するべく、日本列島を定点観測値とした農耕文化到達前のヒトと植物の関わりを概観する。狩猟・採集生活をしていた人々が、どのような森の恵みを享受し、また利用してきたのか。どんぐりなどの木の実を食すだけでなく、樹木の皮を編み、水や火、土を効率的に使いこなすために植物を利用しながら、「農業」が伝播してくるまでの準備をするかのように、自生する植物とともに暮らしを育んできた当時の人々。日本列島という定点観測地での個々のモデルとなる事象を並べていくと、そこに人類と植物との関わりに関する普遍的なストーリーが見出せるはずである。

移り変わりゆく
日本列島の太古の森

DATA

ニセホバシライシ（絶滅種）　*Paraphyllanthoxylon pseudohobashiraishi*（トウダイグサ科）
セコイアメスギ　*Sequoia sempervirens*（ヒノキ科・セコイア属）
メタセコイア　*Metasequoia glyptostroboides*（ヒノキ科・メタセコイア属）
ユリノキ　*Liriodendron tulipifera* L.（モクレン科・ユリノキ属）、スギ　*Cryptomeria japonica*（ヒノキ科・スギ属）

（16）現代の森の植生がで
きあがるまでに、さまざま
な樹種が移動、進化、絶滅
を繰り返してきた

かつて存在した日本の森

　日本は森の国である。現在も国土の67％が森で覆われているこの国では、狩猟・採集社会であった時代も、ヒトは森の恵みを享受し、森とともに暮らしていたのは言うまでもない。しかし現在、私たちが見上げている森が太古から連綿と続いてきた森とは、実は言い切れない。上に挙げたニセホバシライシ、セコイアメスギ、メタセコイア、ユリノキなどは、かつて日本列島の豊かな森を形成する樹木であったが、それぞれある時期、日本列島から姿を消した歴史を持つ。例えば北九州市で出土した「夜宮の大珪化木」として知られる巨木の化石は、絶滅種であるトウダイグサ科のニセホバシライシの幹である。約3,500年前の西日本では、名前の通り

帆柱のようにまっすぐに伸びるニセホバシライシが聳えていた。一方、岩手県には、1,500万年前のセコイアメスギの立木6本が化石となって残っている（根反の珪化木）。現在でも北米では同種の巨木群が生育しているが、日本列島ではこれも絶滅している。

　縄文時代の前後の日本の植生は、第三紀以降の気候変動、特に第四紀の氷期・間氷期の繰り返しの中で、渡来してきた植物が入り混じり、環境条件によって段階的に変化していった。縄文時代に入る頃になると気候が一過的に温暖化し、冷温帯落葉広葉樹林に変わり、温暖帯常緑広葉樹林（照葉樹林）が拡大。それらの樹々が縄文文化の要素を育んでいった。

（18）関門海峡の北西の響灘の海底に露出した、3,500万年前の地層から発見されたニセホバシライシの珪化木

CRYPTOMERIA japonica.

（17）本州・九州・四国に分布するスギも屋久島の縄文杉として知られるスギの巨木も同じ種（Cryptomeria japonica）である。『日本植物誌』（シーボルト；ツッカリーニ）1835-1870より

太古に消えたメタセコイヤの、現代の復活

　かつてこの日本列島から消えた樹種の中には、現在また森となって我々を迎えてくれるものもある。今から3,900万～3,000万年前（古第三紀）の神戸にはメタセコイアの大木が林立していたが、それらは約100万年前に絶滅した。ところが、現代、同じ神戸の地にある神戸市立森林植物園にはメタセコイアの森が復活し、秋には見事な紅葉を見せている。

　これは、1945年、中国四川省で同種の樹木が現存することがわかったことによる。絶滅種と思われていたメタセコイアは、その後、中国と米国の研究者の手を経て苗木が大阪市立大学植物園に届き、株分けや挿し木で増えた苗が全国各地に植えられた。今では「紅葉する針葉樹」

として、並木や森が各地で観光名所になっている。なおメタセコイアは、1941年、当時大阪市立大学の教授だった三木茂が、岐阜県土岐市の粘土層から化石を発見し、命名した。

　長寿のものが多いスギも、地域によっては一度消滅している。縄文中期、約4,000年前の中国地方にはスギが自生していたが、縄文末期までに自生林は消滅したと考えられている。自生林の痕跡は、島根県三瓶小豆原にもある。この場所では、火山の噴火にともなう火砕流と土石流により埋没したスギ林の多くの立木が、成育中の姿そのままの形で出土した。そして現在はというと、中国地方の山林の広大な面積が、戦後に植林されたスギにより覆われている。

（19）ユリノキの葉は、形が「半纏」を思わせることからハンテンボクの名でも知られる。花がハスの花を連想させることから、レンゲボクとも呼ばれる

初期の類人猿が見た花、再び

　米国に多く生息するユリノキ（*Liriodendron tulipifera* L.）の仲間は、約1,500万年前に日本列島に突如出現し、約500万年前に忽然として姿を消したことが化石の記録からわかっている。モクレン科のユリノキは、雌蕊と雄蕊が螺旋状に配列されているなど、原始的な被子植物の形態を残しているグループの一つとされ、白亜紀（約1億4,000万〜6,500万年前）には存在していたことが確認されている。現存は米国原産のユリノキと、中国原産のシナノユリノキの二種のみであるが、花の形がチューリップを思わせることから、チューリップツリーとも呼ばれ、日本のみならず多くの国で街路や公園を賑わせている樹木の一つである。

　日本でユリノキの化石が最初に発見されたのは、1934年。ホンシュウユリノキ（*L. honsyuensis* Endo）と命名された。ただ化石で確認できる葉などの形態からは、米国産のユリノキと区別がつかないため、実際は同種だった可能性も考えられている。ちなみに、1959年には、福島市付近の天王寺層からユリノキ属の翼果化石が発見されフクシマユリノキ（*L. fukushimaense* Suzuki）と命名されている。

　原始のユリノキの森は日本列島から消えたが、明治期に米国から「再導入」され、現在では新宿御苑の樹齢150年の古木をはじめ、京都大学や岩手大学の構内の並木や街路樹として、再び日本の土地に根付いている。

（20）地球上から絶滅したと考えられていたメタセコイアも、今では秋を彩る風物詩に。神戸市立森林植物園にて

（21）スギの人工林は挿し木により増やしたクローンの森であるが、人が植樹に直接関与していない天然林も青森から鹿児島県に分布する

上（22）、下（23）迎賓館赤坂離宮では最寄りの四谷駅から正門までユリノキの街路樹が続く

人類と植物が出会うという意味

　ユリノキのケースでは、現代の古生物学者が日本列島の地層を調査したことによって、ユリノキが約1,500万年前に突如出現し、約500万年前に忽然として姿を消したことを見つけた。ニセホバシライシもセコイアメスギも、メタセコイアやスギも同様である。

　ここで視点を変えてみたい。地球カレンダーで日付が変わって1月1日の正午（今から630万年後）の未来の科学者が、現代を含む日本列島の植生の変化を地質学的なスパンで調査したとする。未来の科学者は、500万年前（＋630万年）に絶滅したはずのユリノキが、100万年前（＋630万年）に消失したはずのメタセコイアが、約3千年前（＋630万年）に消えたスギの森が、ある時、ほぼ同時に復活したことにも注意が向くはずだ。これらは世界の各地で起きた出来事の一例だ。絶滅したはずの森が、それまで存在しなかった植生が、もしくはそれまで蔓延っていた植生が、地球上のさまざまな地点で、地質学的なスケールではほんの一瞬の内に、復活・移動・消失することがある。このことからヒトは、植物の世界に地質学的スケールで見て非連続的な変化をおよぼしていることがわかる。しかし、植物の世界に変化を起こしているはずのヒトの活動の拡大も、実は植物に依存したものでもあることも見落とすわけにはいかない。では、ここから本書のテーマである、植物とヒトとの出会いの意味を探る旅を始めよう。

ヒトも動物も糧とした
縄文のドングリ

DATA

イチイガシ *Quercus gilva*（ブナ科・コナラ属）
主な分布：古くから中国南部、台湾、朝鮮半島、日本のベルト
地帯に分布
クヌギ *Quercus acutissima*（ブナ科・コナラ属）
主な分布：古くからヒマラヤ、チベット、インドシナ半島、中国、
朝鮮半島、日本に分布
その他の登場植物：クルミ類 Juglans（クルミ科・クルミ属）、
トチノキ *Aesculus turbinate*（ムクロジ科・トチノキ属）、
ムクノキ *Aphananthe aspera*（アサ科・ムクノキ属）

（24）ドングリは、ブナ科果実の総称
であるが、中にはシイの実のように果
実を個別の名称で呼ぶものもある。シ
イの実は唯一あく抜き無しで食べるこ
とのできるドングリである

ドングリは炭水化物の供給源

　山間部での堅果類（ドングリ）が不作となっ
た年の秋などは、民家のある里にまで熊が降り
てくるという報道が目にとまることがある。こ
のことから現在でもドングリを実らせるブナ科
の樹木の森などでは、木の実が森で暮らす動物
の貴重な食料源となっていることがわかる。
　農耕文化が到来する前の縄文期の日本列島で
は、堅果類をはじめとする木の実が、人々にとっ
ても重要な食料源であった。これらは炭水化物
が豊富で、栄養価も高く、長期の保存も可能。
必ず獲れるとは限らない動物性タンパク質に頼
りきるのではなく、栄養補給の多くの部分をド
ングリなどの堅果類が担っていたと考えられて
いる。そのため縄文期の人口密度は、東北地方

など木の実の種類が豊富な地方ほど高い傾向に
あり、ほぼすべての縄文時代の遺跡から出土例
が報告されている。
　約6,500年前の縄文・成熟期は、気候が温暖
化し海水が内陸奥地まで浸入した時期にあた
る。その頃は特に照葉樹林帯での堅果類、ド
ングリ、トチ、クルミなどの採集への依存度が高
まった時期とされている。秋に集められた堅果
類は、地面に掘った貯蔵穴に貯め込まれ、冬期
の備蓄食料とされてきた。岡山県の南方前池遺
跡には、縄文晩期の貯蔵穴が残されており、穴
の中にドングリを入れ、木の葉、木の皮、粘土
の順に封をして保存していた当時の様子が明ら
かになった。

（25）ホモサピエンスが北上してくる以前のヨーロッパでは、居住空間である洞穴をめぐってホラアナグマとネアンデルタール人との争いが続いていた。2万数千年前にはどちらも姿を消したが、動物とヒトとが食や土地を分かち合う関係は長く続いた

アクを抜くための技術革新

　クルミやクリは硬い殻さえ剝けば手をかけずにそのまま食べられるが、ドングリ類はシイの実以外はどの実も、強い苦味やエグ味のもととなるアクが強く、アク抜き処理なしには食べることができない。

　アクの原因であるタンニンは加熱しても消えないが、水溶性であるため、アクを抜くには最低でも水にさらす必要がある。しかし生の実を砕いて水にさらす場合、細かいデンプンの顆粒が流れていかないよう蓄えるための器が必要となり、技術的なハードルは決して低くはない。ドングリ類を食べるということは、アクの抜き方の発見とともに、土器やヒョウタンなど適切な容器を手にできた、もしくは作れた人々のみが開発できた可食化プロセスといえる。デンプンを水に流さないために、アクをより早く抜くためにと、ドングリを食べる行為は、縄文土器の発達にもおそらく大きく関わっていた。

　アク抜きをして得られた堅果類のデンプンは、パンや焼き菓子状の食べ物に加工されて食されていたことが、発掘された炭化した食材に

（26）埼玉県の赤山陣屋跡遺跡で発掘された、縄文後期〜晩期のトチの実加工場跡。トチを水に晒すための水槽だと考えられている

よって判明している。縄文後期になると、水の利用に関する技術レベルが向上し、大がかりな水辺の作業場がつくられるようになっていった。ちょうどその頃、気候が寒冷化し、クルミやクリの木は実をつける量を大幅に減らしていたと考えられている。当時の人々は技術の向上によって、渋みが非常に強いトチの実を可食化し、貴重な栄養源として、環境の変化を乗りきっていった。

8713

(27) 絵のトチノキ（*Aesculus turbinata*）は、ムクロジ科ト
チノキ属の植物。近縁種にフランスでマロニエとして知られる
西洋トチノキ（A. *hippocastanum*）がある

佐賀県・東名遺跡から出土した編カゴからは、非常に精緻で多様な編み方がされているのが見てとれる。左(29)、中(30)東名遺跡から出土した編みカゴと、同じ素材で復元を試みたもの。大小さまざまなデザインのカゴが作られていたと考えられている。下(31)5つのカゴが折り重なって出土した様子

(28) ムクノキは、東アジアに広く分布する落葉高木樹。鳥にとってムクノキの実は森の中で重要な食料源。ムクドリの名はこの実を好んで食べることに由来

伝統工芸の編カゴ技術は縄文生まれ？

　2005年、佐賀県の東名遺跡（ひがしみょう）から、紀元前5,000年頃のドングリ（イチイガシ、クヌギなど）が保管された貯蔵穴が計60基が見つかった。半数の貯蔵穴から、植物性繊維の網カゴ（バスケット）が大量に見つかっていることから、ドングリが網カゴに入れられた状態で貯蔵されていた可能性が高い。

　興味深いことに、日本の伝統工芸の竹細工で用いられる精巧で複雑な編み目が、日本最古の網カゴからも発見された。しかし、網カゴの素材は、タケではなく、ムクノキやムクロジだった。樹木を網カゴ用のしなやかな素材に加工するには、鋭利な刃を持つ工具（石器）が必要になる。貴重な食料をより状態良く保存するため

に、自然物を加工する技術を磨いていった様子が窺える。このような加工法は、後の時代に新素材として伝わったタケの加工にも踏襲され、現代にまで残されてきた可能性も考えられる。

　一方で、異なる方法でムクノキを加工した事例として、千葉県の雷下遺跡（かみなりした）で出土した7,500年前のムクノキをくりぬいた丸木舟と櫂がある。丸太の表面を火で焦がし、炭化した部分を石斧で削る手法が取られた痕跡があった。このような丸木舟は5,500年前の福井県の鳥浜貝塚など、他の遺跡でも出土している。ムクノキは成長が早く短期間で大木にまで成長する。そのため容易に再生する樹種として、ムクノキの材が重宝されていたのだろう。

31

雑草と里山のはじまり
シロザとクリ

///

DATA

シロザ *Chenopodium album* L.（ヒユ科アカザ属）
原産：ユーラシア大陸

クリ *Castanea crenata*.（ブナ科クリ属）
原産：日本と朝鮮半島南部／主な分布：暖帯から温帯域

（32）埋立地などゴミ廃棄場に生える雑草群。左から三番目がシロザ。シロザは新規の開拓地を好んで茂る雑草で、世界中で開発直後の土地に発生する

ヒトを選んだ雑草の始まり

　ヒトが生態系の中の一角を切り拓き、小規模のベースキャンプをつくった頃、煮炊きのために毎日火を使い、灰のミネラルを土地に残した。ヒトは、食べたものを周囲の環境に排泄する。人口が増えると、窒素濃度の高い場所が出てきてベースキャンプ周辺の土壌は、次第に周囲の環境とは化学組成に違いが生じてきた。

　そのうち人が変えた環境に適応した植物群が現れる。これが雑草の始まりだ。雑草は元々の自然環境に適応した野生の植物とは明らかに異なる集団を形成する。ヒトが作り出した環境を好んで繁殖するため、古代に文明が起こり、ヒトが移動するのに合わせて世界各地に生息地を広げていった。現在は、ヒトが地球の隅々にまで住むようになったため、今日の雑草の地理的分布は、野草の分布域よりも格段に広い。

　参考までに、ヒトの生活によって環境が変化した先史時代の事例として弥生中期に約1,000人が居住していた環濠大集落の遺跡（愛知県・朝日遺跡）の例を挙げておく。この場所では、ある時期から人口密度が高くなり、周囲の環境が大きく変化したことが、地層中に残る寄生虫の卵の数や食糞性昆虫の痕跡から読み取れる。のちに集落の人口が減ると上記の指標も地層から消えた。農業の始まりを待たずとも、ヒトが集団を形成して暮らす、その時点で、ヒトは植物の分布に少なからず影響を与えていたとも考えられる。

(33) クリの仲間の内、栽培種の原種にあたり、山野に自生するものは、シバグリやヤマグリと呼ばれる。果実が大きいものが選抜され栽培品種になったと考えられている

上（34）、下（35）三内丸山遺跡で復元された巨大な掘立木造建築の外観（高さ14.7 m）と人が表手を広げてたよりも大きな直径を持つ巨大な柱穴。復元時の建材にはロシア産のクリ材が利用された

農業の始まりは、人新世の前触れ？

人新世とは、完新世に続く、最も新しい地質学上の時代で、人類の活動が環境を変えるほどにまで拡大し、地質学的な痕跡を残すようになった時代のことである。その始まりを示すゴールデンスパイクを、20世紀半ばの地層に打つ方向で議論が進められている。しかし、一部の人新世研究者は、人新世の始まりを人類が農業を始めた時期とすることを主張。その論をとれば地層の分析で明らかになった5,500年前の人工林の形成も、人新世と相似の事象と捉えることができるかもしれない。

ヒトの周辺で成長したクリの森

縄文中期以降、堅果類の中でもより食味に優れたクリが好まれるようになった可能性がある。青森県の三内丸山遺跡の巨大集落跡の周辺環境を分析すると、約5,500年前からブナ・コナラ林が縮小し、クリが増加していること（花粉分析）、出土するクリはどれも均一化されており、野生のクリではなく選抜されたものであること（DNA分析）などが示唆されている。

遺跡周辺でクリの森が大きく成長したのは、巨大な掘立木造建築に使われた柱材がすべてクリ材であることからも推測できる。急激な植生の変化は、当時の人々が巨大集落の維持のために環境を整備し、何かしら手を加えた「里山」からクリを調達していた様子を伝えてくれる。

しかし、三内丸山周辺のクリ林が、栽培化のレベルにまで達していたのかについては、更なる議論が必要である。少なくとも、これを、ヒトの生活が森林の植生を変えた最初期の事例の一つとして捉えても良いだろう。

なお、縄文時代の森の生態系は、気候変動の影響も大きく受けていた。三内丸山は、1,500年にわたり人々が居住し続けた場所であるが、出土した木造建築物の柱の年輪を見ると、約4,000年前に相当する層から年輪の幅が狭くなり、寒冷化が進み、樹木の生育速度が遅くなったことがわかる。気候変動の定点観測者であったクリ林とこの地の集落は、ほどなくしてほぼ同時期に終焉を迎えた。

里山の恵みから栽培へ
照葉樹林からのギフト

DATA

ヒシ　*Trapa japonica*（ミソハギ科・ヒシ属）
主な分布：日本、朝鮮半島、中国、台湾、ロシア沿海地方の湖沼、ため池に多く分布

エゾニワトコ　*Sambucus racemosa* subs. Kamtschatica（レンプクソウ科・ニワトコ属）
主な分布：カムチャッカ半島、千島列島、北海道などオホーツク海周辺地域

その他の登場植物：シソ科植物 Lamiaceae（キク類・シソ科）、クワ *Morus bombycis*（クワ科・クワ属）、モモ　*Prunus persica*（バラ科・モモ属）

(36) エゾニワトコは、関東以北の本州と北海道に分布。円錐状の花序（淡黄色）をつけた後に直径3〜5ミリの赤い実をつけ、鳥たちが食べることから、カラスノミとも呼ばれる

照葉樹林がもたらした農業の萌芽

　栽培植物の起源を探った中尾佐助によると、インド、中国、日本列島にまたがって成立した照葉樹林農耕文化が生み出した六つのギフトがある。それは、①絹、②茶、③漆、④柑橘、⑤酒、そして⑥紫蘇である。絹は、カイコの食草のクワ（マグワ、ヤマグワ）とセットであり、酒は米や果実とセットなので、すべて植物に関わるギフトだといえる。

　日本列島では農業が伝播する以前から、照葉樹林農耕文化の萌芽ともいえる里山の恵みを利用していた。そのうち早くから得ていたギフトは、六つのうちのどれであろうか。まず絹は福岡県早良区で、弥生中期の土器とともに織物片

が出土している。その時代までには、クワとカイコがセットで中国大陸から伝わり、定着していたと考えられる。またクワの果実は食用にもなっていただろう。茶と漆も早い段階から利用されていたが、別ページにて取り上げる。

　酒は米の酒ができる前に、果実の酒が成立していた可能性がある。三内丸山遺跡の廃棄場跡からは、エゾニワトコの種子と果実だけからなる大量の植物遺体がなす厚い層が見つかっている。それらは酒造りに利用された果実の絞りかすが廃棄された可能性が指摘されている。エゾニワトコを主体とした果実と果実種子の塊は他の縄文時代の遺跡でも発見されている。

(37) 奈良県、平城京跡の糞便遺構、濠状遺構から出土した植物遺体の一部。左から、ヤマモモ核、キイチゴ属核、サンショウ種子、オニグルミ核、モモ核

左 (38) ヒシは縄文の頃から人々が口にした水辺の食材。歴史時代にも引き継がれ、戦後直後まで大事な食料源として栽培されていた。万葉集 (十九巻) には、栽培と収穫の様子も読まれている。上 (39) はヒシの実。デンプンが豊富に含まれている

森の恵みを果樹園で増やす

時代は下って、最古の前方後円墳で知られる奈良の纒向遺跡では、約2,000年前のモモの種が約2,800個も見つかっている。さらに時代は下って、7世紀末～8世紀末の奈良の都の遺跡 (便所遺構、井戸遺構) からの植物種子の出土リストは、日本の古代における森からの恵みを推測する上で非常に参考になる。

森の恵みとしては、堅果類のオニグルミ、ヒメグルミ、ハシバミ、クリ、ツブラジイ、スダジイが出土し、果実類では、アンズ、ウメ、モモ、スモモ類、サクラ属、サクラ、ナシ属、ナシ亜科等のバラ科のもの、カキノキ、クワ、ヤマモモ、ヤマブドウ、ブドウ属、キイチゴ、ア

ケビが出土している。その他としてイタビカズラ、サンショウも確認されている。

果実には保存のきかないものが多いにもかかわらず、大量の果実の種子が便所遺構や井戸遺構から出土したことから、奈良時代にはすでに都での消費に合わせ、果樹の大がかりな栽培体制が都周辺で整っていたことを想像させる。

なお六つのギフトの一つである柑橘については、垂仁天皇の時代に「橘」を異国から取り寄せたとの記述が古事記と日本書紀がある。この記述が事実として扱えるのであれば、縄文時代にはまだ柑橘は存在しなかった可能性があるが、考古学的な裏付けはない。

(40)アケビも種子の出土が多い。一つの果実に大量の種子が入っているので、
他の果実より種子が残りやすい傾向もあるだろう

Ampilographie

J. Trony

Petit Ribier

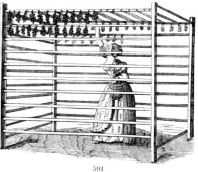

591

（41）ヨーロッパブドウ。果実はそのまま生食されるが、保存のため房ごと干して風と太陽光に曝して乾燥させ水分含量16％程度のレーズンにする

（42）18世紀ヨーロッパにおけるブドウの乾燥作業の様子を描いたもの。日本でも干し柿など果実を乾燥させ保存する風習は多く残っている

痛みやすい果実、保蔵の歴史

　果実の歴史の話題になると、いつ栽培化され、どのように伝播し、どのように生産されるのかについてのみ語られることが多いが、どのように果実が利用されてきたのかも、人類の食の変遷を考える上で気になってくる。

　年間を通じて食料が手に入る熱帯を除き、食品の保蔵は人類の生存にとって重要な問題であり続けた。ナッツや種子は長期間にわたり大量に貯蔵できる点で、冬がある気候帯での食料として優れている。一方、野山の恵みである果実の保蔵については、魚介類などの生ものと同様に微生物による腐敗を防ぐため、塩、酢、アルコールに漬ける方法、乾いた冷たい風あるいは熱い風にさらして乾燥する工程などが開発され

た。紀元前には蜂蜜漬けが、また砂糖が利用できるようになってからは砂糖に漬けて加熱し密封する方法、いわゆるジャムが開発された。

　果実の保蔵法に変化が訪れたのは、今からつい約1世紀前のこと。ジャムのように加熱・調理し、瓶詰めにする方法から派生し、形のある果実を乾燥させずに流通させる技術が開発された。果実を缶詰にする方法である。果実の缶詰は、第二次世界大戦を挟んで戦前・戦後の数十年間のうちに世界中で量産されるようになったが、戦後の冷蔵技術の普及による青果の流通量の増加とともに、果実の缶詰の生産と流通は急速に縮小した。

天然のプラスチック樹脂と
塗料になったウルシ

DATA

ウルシ　*Toxicodendron vernicifluum*（ウルシ科・ウルシ属）
原産：文中参考

（43）北米に分布するウルシの仲間のポイズン・スマック（*T. diversilobum*）。ヌルデ（スマック）にはスパイスになるものも多いが、ウルシオールを含むものは食用にできない

ウルシと漆。世界最古の伝統のはじまり

　日本に古くから自生するウルシ科のハゼノキ（*Toxicodendron succedaneum*）やその近縁の樹木の実は、和ロウソクの原料となるワックスをつくる。ウルシもワックスを多く含む実をつけるが、主に樹皮を傷つけて得られる樹液が利用されてきた。これを生漆と呼び、照葉樹林農耕文化が生んだギフトの一つである（p32参照）。

　考古学資料によると、日本での漆の利用の歴史は長い。北海道函館市の垣ノ島Ｂ遺跡からは、約9,000年前のウルシを使った副葬品が出土している。これが、世界最古のウルシ製品の出土例となる。次に古いものは、約7,000年前の中国大陸から出土したものであるため、漆技術の起源は、中国大陸から日本に持ち込まれたとする従来の説の見直しが必要かもしれない。さらに福井県の鳥浜貝塚では、12,600年前のものとされる世界最古のウルシの木片が出土しているため、その時期にはすでに福井の林野に樹木としてのウルシが生育し、生活の場にあったことが推測できる。

　生漆の樹脂は、伝統的に木製品の表面に防水性、耐腐食性、強度の向上などの目的でコーティングを施す漆塗りの原料となる。接着剤としても長く利用され、仏像を赤く塗る際、木像に金箔を貼る際、また「金継ぎ」などの伝統的な技法にも欠かせない素材であった。なお、漆は南部鉄器にも利用されるように加熱にも耐える。

（44）山形県押出遺跡で出土した彩漆土器（複製品）。赤漆を下地に描かれた黒漆の流麗な文様が当時の技術水準を物語る

（45）カシューナットノキは、ウルシに似た樹液成分を持つが、ウルシオール重合を触媒する酵素活性がない。そこで触媒により重合反応を代替したカシュー塗料が開発され、直火にかける南部鉄器に利用されている

黒と赤で彩られた縄文の土器

　塗料として利用される漆には、黒漆と赤漆の2種類がある。この伝統は縄文時代から続いていたことが、赤黒2色の漆で鮮やかに塗り分けがされた5,800年前の彩漆土器の出土で明らかになった（山形県押出遺跡）。素焼きの土器はどうしても水が漏れ、蒸発もしやすい。おそらく水が漏れないように漆を塗り始めたのが、徐々に装飾的になっていったのだろう。

　実は、漆の黒色は漆樹脂に練り込んだ煤や炭の色であり、赤色は赤い色素の色である。伝統工芸で使われる赤漆は、硫化水銀を練り込んで赤を発色させる方法が知られている。一方、古代の赤漆は酸化鉄粉末（ベンガラ）の色であることもわかっている。縄文の時代に樹脂に封入された赤色と黒色が5,800年後にも鮮やかな色を保つことにも驚くが、当時の人々の化学の知識にも驚かされる。

　ウルシやハゼノキ等のウルシ科の植物は、ウルシオールなどの不溶性の物質をつくる。これがいわゆるウルシかぶれといわれる、アレルギー性接触性皮膚炎の原因である。にもかかわらずウルシ科には、不思議と食用になる魅力的な植物が多い。世界的に重要作物となっているものでは、トロピカルフルーツのマンゴー（*Mangifera indica*）、ピスタチオ（*Pistacia vera*）や、文字通りカシューナッツをつくるカシューナットノキ（*Anacardium occidente*）などのナッツ類もウルシ科の植物である。

ヒトと植物の関係を変えた
テクノロジー 水と火

DATA

ヒョウタン *Lagenaria siceraria* var. *gourda*（ウリ科・ユウガオ属）
原産地：アフリカ／主な分布：日本、中国、朝鮮半島
ススキ *Miscanthus sinensis*（イネ科・ススキ属）
原産地：東アジア／主な分布：日本、中国、台湾、朝鮮半島

（46）中南米で出土するヒョウタンのDNAはすべてアジア型であり、ヒョウタンは大西洋経由ではなくアジア・太平洋ルートで米大陸に到達したと考えられている。図は、19世紀初頭の島津藩「成形図説」より

人類の旅を支えた水の容器

　人類が動物と異なる点は、火を使うことだとは、よく言われる。同時に、「水を運び蓄えられること」もヒトの特徴であろう。狩猟採集生活において水筒を手にするメリットは非常に大きい。かつての大陸から大陸への人類の旅も、水の容器なしには不可能だったはずだ。

　転機は、ヒョウタンの栽培化だろう。硬い殻（果皮）と大きな空洞部をもつ不思議な植物を手にした人類は、水を容易に輸送・携帯できるようになった。1万数千年前に原産地アフリカで栽培が始まって以降、ヒョウタンはヒトの移動とともに驚くべき速さで大陸間を移動し、伝播したと推測される。メキシコのタマウリパス洞窟や、ペルーのアヤクチョ遺跡では、9,000

〜1万2,000年以上前の種子や果皮片が見つかり、アジアでは、タイのスピリットケーブで9,000年前の種子が、中国の河姆痕遺跡では6,700年前の種子や果皮が出土している。日本列島での出土例も古く、滋賀県の粟津湖底遺跡からは9,600年前の種子が出土している。

　ヒョウタンは水を汲む道具でもあった。割ったヒョウタン果皮に持ち手（柄）をつけた「瓢箪柄杓」が、6世紀の井戸（石川県・藤江C遺跡）から出土している。奈良県の石神遺跡（7世紀）と平城京井戸遺構（8世紀）からも種子が出土しており、水回りの生活に欠かせないヒョウタンは歴史時代以降の人々においても重要な素材であり続けたことがわかる。

(47) 阿蘇の野焼きの風景。この地域の地層で、①炭化した植物の痕跡と②イネ科植物に含まれる微細なガラス質の結晶（プラントオパール）の分布を分析した研究者は、阿蘇の草地が、約13,000年前から人為的に維持されてきたことを突き止めた

(48) 弥生中期、末期の遺跡からはヒョウタンの形状と水の貯蔵機能を土器で再現したと思われる瓢箪形土器やヒョウタン型の柄杓（図、石川県・藤江C遺跡）が出土。収穫時期が限られるヒョウタンの代替素材として、土器が利用されるようになったことを示唆している

(49) ススキを含めイネ科植物は、土中から吸収したケイ酸をガラス状に結晶化させる性質があり、微細な結晶はプラントオパールと呼ばれる。種の違いにより結晶の形も異なる

火という植生制御のテクノロジー

　火のメリットには、暖を取る、煮炊きをする、外敵となる動物を遠ざける、土器作り、木材の加工等があるが、ここでは、これらに加えて、植生のコントロールをあげたい。自然界では、火の発生が植生を変えてしまうことが多々ある。例えば、北米の針葉樹林では、山火事のたびに、小さな樹種がダメージを受け、巨樹の群落が純化されてきた。このように山火事や野火は、植生をリセットする効果がある。

　これを意図的に行うのが野焼きであり、今日、多くの草地では、野焼きによって草原植生が維持されている。しかし、数年だけでも野焼きを中断すると、その土地の植生は、1年生の草本の草原から、多年生草本の草地や灌木の茂る陽樹の森へと遷移が進む。したがって、現在、野焼きで知られる草地は、ずっと昔から、ヒトの手による植生のコントロールによって草地として利用されてきた土地の可能性が高い。九州中部の阿蘇カルデラ北部には、広大な草地にススキなどの1年生イネ科植物が茂っている。

　日本の山間部の伝統的農法に、焼畑農法がある。これは、アジア・オセアニア地域に共通する伝統農法であり、約3,000年前に始まったと推測されている。伝統的な焼畑農業は、作物の連作を避けるために、火入れ、栽培、植生の回復を周期的に行う持続的な農業であり、近年、頻発する人為的な林野火災による熱帯雨林の農地化・牧草地化とは異なる。

イネの中でつくられる
微細な宝石

植物の姿形は消えてしまっても、土壌中に残存し、
その気配を伝えてくれるものがある。

　ヒトがいつ、どこで主食となる穀物と出会い、どのように広めていったのか。これは植物考古学が常に追い求めているテーマの一つである。イネ科の植物の痕跡を追うにあたっては、プラントオパール分析法が、花粉分析法と並び、その土地における過去の植生の状態を知る手がかりを与えてくれている。

植物を細胞レベルで強くする
粒子の存在

　一部の植物は土壌から養分として吸収した珪酸を使って、ガラス状の珪酸体（シリカ、SiO_2）で細胞をコーティングし、植物体の物理的な強度を高めている。このような植物組織内の珪酸体の粒子は、プラントオパールやファイトリス（植物の石）と呼ばれ、植物体が枯死しても腐敗せず長期間にわたり土壌中に残存する性質を持つ。

　例えばトクサのような一部のシダの茎の強さや、サボテンやバラの棘の硬さは、このガラス質の強度を利用したものである。ムクノキは葉の表面に珪酸体を多く含んでおり、乾燥した葉は木材や家具の研磨に利用されている。近年クワの葉にも菊花模様のような特徴的な形態のプラントオパールができることが報告されている。イネ科最大の植物であるタケの仲間の繊維がしなやかで強いのも、細胞レベルでのガラスコーティングのおかげと言える。タケのプラン

トオパールは、スピーカーの振動版の材料として工業的に利用された事例もある。

イネ科植物の葉に並ぶ
特徴的なプラントオパール

　このように珪酸を効率的に吸収し、特定の細胞の細胞壁に蓄積する能力は、イネ科植物で特に顕著である。水田でイネに触れて、もしくはススキやチガヤなどのイネ科の雑草の葉をうっかり素手で触った時に、鋭利な刃物に触れたような切り傷ができた経験はないだろうか。この切れ味の鋭さも、葉の周囲に微細なノコギリの刃に似たガラス質の突起が並んでいるせいである。イネ科植物の葉の周辺の微鋸歯構造は、珪酸体を局所的に蓄積することで形成される。またイネ科植物の葉には、微鋸歯構造以外にも特徴的な珪酸体の粒子が規則正しく配置されている。そのため土壌中に残存したプラントオパールから、イネ科植物の足取りを追うことが可能となる。

　地質学者は早くから、古い地層からもイネ植物由来のプラントオパールが見つかることに気づいてはいた。しかし結晶の形態の違いによって、植物の種を特定できる可能性に気づき、考古学に新しい手法として導入したのは、宮崎大学の藤原宏志らである。この手法は次章でも取り上げる稲作の起源や伝播の解明にも大きく貢献している。

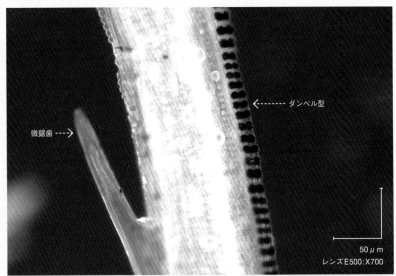

微鋸歯 ---->

ダンベル型 <----

50μm
レンズE500:X700

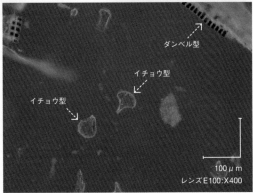

ダンベル型

イチョウ型

イチョウ型

100μm
レンズE100:X400

上（50）、下（51）イネの葉に含まれる3種類のプラントオパールの形態とサイズ。矢印は、イネにしか現れないイチョウ型（長径57μm）、葉の白い縦すじ部分に整列するダンベル型（長径15μm）、葉の周囲の鋸歯上の突起（長さ220μm）を示す

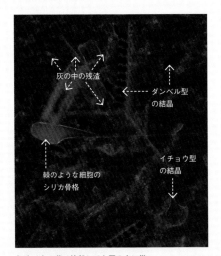

灰の中の残渣

ダンベル型
の結晶

棘のような細胞の
シリカ骨格

イチョウ型
の結晶

（52）イネの葉は焼却しても灰の中に微細なガラス質の結晶が残る。写真は、灰の中の残渣の中に紛れる特徴的な結晶

顕微鏡画像は、北九州市立大学・計測分析センターで撮影。福岡県水巻町机地区小田氏提供のイネ葉（品種：夢つくし）を利用。試料は、560℃、18時間で灰化

第3章

————

主食作物の発見と
花開く食文化

〈農耕と文明〉

多様な工夫を凝らしながらも基本的に
は自然の恵みを享受する側だったヒト
が、この時期、植物と相互作用的な
関係を結ぶ。農業の始まり。本章で
はヒトが定住をはじめ、文明を興し、
80億近い人口を有するにいたるま
で、変わらず人類のパートナーであっ
た穀物に光をあてる。

農業とはヒトと植物との契約関係の始まりだった

ダーウィンの進化論に影響与えたことでも知られるトマス・ロバート・マルサスの『人口原論』（1798）では、人口と食料の関係について議論されている。同論によると、人口は発散的な上昇曲線を描く「ねずみ算式」に増えるが、食料生産力は直線的にしか増えないため、人口増加の速度が時間とともに増大すると、いずれは、人口増加のペースが食料生産力の増加ペースに追いついてしまう。実際は、食料が足りないと人口は増えないので、そこが人口増加の上限となる。逆に考えれば、頭打ち傾向にある人口も、食料供給が増大すれば、増大を始める。

初期の人類が文明の勃興期に人口を増大させたきっかけは、明らかに食料生産能力の増大、すなわち、農業の始まりと考えられる。中でも「主食」として多くの人口をまかなうことができる食料を効率的に生産する技術、つまり「植物の栽培化」による農業が文明の勃興の鍵になったことは間違いない。

大地の恵みを自らの手の内に

チグリス・ユーフラテス流域に住んでいた人類の生活様式が、狩猟・採集生活から定住生活に変化したのは、10,000〜12,000年前とされる。植物の栽培化（＝農業）と家畜の入手、この二つが人類の定住と人口増加の起点と考えられている。

20世紀前半までは、地球の特定の地域に誕生した「農耕文化」が、一元的に世界に広まったとする見方が主流であったが、20世紀前半のニコライ・バビロフ博士のグループによる世界各地からの栽培植物の起源となる原種を探す大規模な調査により、栽培植物の起源は世界に複数地点（12大センター）あり、そこで培われた異なる農耕文化が互いに影響しあいながら世界に伝播したとする見方が支持されるようになってきた。

異なる「農耕文化」を象徴する栽培植物の伝播は、①地理上の空間的な広がりと、②時間軸に沿った変化という二つの視点から理解する必要がある。本章では前者に関しては、異なる地域での植物の栽培化の歴史に注目した。後者に関しては、前章に続き農耕文化の「定点観測者」という視点を導入して、主食となる植物とヒトとの関わりを解説していく。

世界各地の主食作物

さて、改めて主食にあたる植物について考えたい。主食と副食という言葉がある。小学校の学校給食に関連した栄養指導では、主食とはパンやご飯と教えられ、

副食はおかずやスープのことだと教えられる。副食は、副菜と呼んでも良い。食生活の中で繰り返し摂取し、最大のカロリー源（主として炭水化物）を担う食材を主食という。料理の仕方に限らず、食料として主食をとらえると、イネの種子である米、コムギの種子である小麦、あるいはジャガイモの塊茎などが該当する。一部の書籍等では、「主食というのは、日本でしか通じないローカルな概念だ」とする誤った理解が流布されることがあるが、「主食」とは、世界中で使われる概念であり用語も統一され（主食＝staple food）、厳密な統計も存在する。

　現在、世界で生産される主要な主食は、トウモロコシ（8.7億トン）、米（7.4億トン）、小麦（6.7億トン）、ジャガイモ（3.7億トン）、キャッサバ（2.7億トン）、大豆（2.4億トン）、サツマイモ（1.1億トン）、ヤム（0.6億トン）、ソルガム（0.6億トン）、プランテン（調理用バナナ、0.4億トン）となっている（国連FAO、2012年統計）。なお、農家が自家消費する穀物などは統計に反映されないため、実際の生産量はもっと大きいと考えられる。

　世界各地で起きたであろう、これら主食となりうる植物の「発見」は、ヒトと植物、双方の在り様を変えた歴史上最も大きな出来事だったと言っても問題ないであろう。

ここからはムギ類、米（イネ）、イモ類などの澱粉類、マメ類に大別して、植物が主食となっていく過程を見ていく。それはおのずとヒトが文明を興すまでの道程と重なっていく。

人類共通の文化財としての栽培植物

　栽培植物の起源の研究で知られる中尾佐助は、かつて栽培植物を「人類共通の文化財」と表現した。しかし、なぜコムギやイネのような「草」が人類共通の文化財になるのだろうか。実は、栽培植物というものは、長期間にわたり人の手が加わることで、改良が重ねられてきた植物のグループであり、野生時代の植物とはまったく異質な存在である。例えば穀物は、その植物の子孫を残すのに必要十分な量を遙かに超える量の種子を生産する。圧倒的な余剰分が守護者であり栽培管理者であるヒトへの分け前である。その代わり栽培植物は、翌年の広大な面積での繁殖を約束される。このような歴史時代以降のヒトと特定の植物との密接な関係を「契約」に例える科学者もいる。そのために今日の人類の繁栄があるのだから、我々ヒトの祖先の手により何千年間もかけて改良・発展させられてきた契約のパートナーである栽培植物は、人類共有の文化財の名にふさわしいといえるだろう。

〈3-1〉

地中海文明を支えた
ムギ類の発見

　生態学では、地域を特徴付ける植物の集合をフローラ（植物相）と呼ぶが、地中海に面する地域のフローラの特殊性に気付いたのは、デンマークの生態学者クリステン・ラウンケルである。地中海地域では、他の地域と異なり、1年生植物の割合が突出している。地中海性気候のもとでは、もともと自生するイネ科植物の多くが、作物化しやすい1年生の植物で占められていた。

　この気候帯では、冬期に雨が多く気温もそれほど下がらないが、夏期は厳しい乾燥と高温の季節となる。そのため、ムギの仲間は、乾期が過ぎた秋に種子を発芽させ、冬の間に湿度を含む土壌の中で根を張り、春になり気温が上昇すると急速に成長し、穂をつけ（出穂）、高温で乾燥した夏がやってくるまでに種子を成熟させるようにと、この気候に適応してきた。育種や選抜なしに始めから農業に適した1年生植物に恵まれた大地で、ある時、コムギやオオムギなどのムギ類と、それに付随する雑草が人類によって「発見」された。この発見によって飛躍的な発展を遂げたのが、チグリス・ユーフラテス地域、および地中海地域の地中海農耕文化である。

　参考までに、サバンナ地域に自生するイネ科の野生種には、多年生のものも多い。しかし栽培化された穀物は、例外なしに1年生である。これは偶然ではなく、作物として管理する行程を考えた場合、1年生が圧倒的に有利であるため、栽培に向いた種が選別されてきたのであろう。

ヒトによる収穫を待つという植物の「進化」

　栽培作物をテーマに進化について深く考察した最初の人物はチャールズ・ダーウィンだろう。ダーウィンもテーマに選んだ、栽培化される過程でイネ科植物が見せた最も顕著な「変化」とは何であろうか。イネ科植物の野生種と栽培種との大きな違いは、本来野生種が持っていた「種子を効率よく、ばら撒く」という戦略を捨てて、「ヒトによる収穫を待つ」という変化を選んだことだろう。つまり、種子の粒の脱落性の有無が野生種と栽培種の決定的な違いといえる。

　本来、脱落性をもつイネ科の野生種たちは、草原での多くの競合植物との生存競争を勝ち抜くために、多くの種子を拡散する能力に秀でている。しかし、この効率的な種子の自然散布という作戦は、穀物を栽培し、収穫する立場から見れば非常に大きなデメリットになる。そこで人類は、野生の穀類を利用するにあたり、非脱落性のものを選抜してきたことが想像できる。実際に、2017年には、栽培化されたコムギで、種子の飛散に関連する2つの遺伝子群の働きが失われていることが分かった。

古代エジプトの食文化を
広げたオオムギ

DATA

オオムギ *Hordeum vulgare* L.（イネ科・オオムギ属）
原産地：現在のイラク周辺原産と考えられている

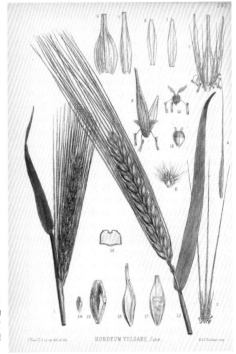

（54）オオムギは世界で最も古くから
栽培され、現在も世界の主要な穀物
であり続けている。低温や乾燥など
の厳しい環境に強く、コムギの生産
に向いていない土地でも栽培される

自然界では不人気だったイネ科の発見

　植物の種子には、圧倒的に油脂を蓄えるもの
が多いのに、イネ科の植物はデンプンをたくわ
えるという特徴を持つ。しかし、同じデンプン
をたくわえるバナナやヤムのような水分の多い
作物と異なり、イネ科の種子は食べやすいもの
ではない。イネ科植物の種子がたくわえるデン
プンは高エネルギー物質であるにもかかわら
ず、自然界の中では人気があるとはいえない。
小鳥の多くはイネ科の種子を好むが、爬虫類の
中にも、猿を含めた哺乳類の中にもイネ科植物
の種子を好むものはいない。草食動物であるウ
シやウマも、草原でイネ科の植物を食べるの
なら種子ではなく藁（茎や葉）の方を好むし、
シカなども新芽を好む。こう考えると、生態系
におけるニッチともいえる「未利用エネルギー
だったデンプンの粒」を実らせる植物群を見つ
けたのは、その後の人類の繁栄を左右する大き
な発見だったといえる。

　気候の違いから夏作と冬作の違いはあるもの
の、アフリカのサハラ以南のサバンナ農耕文化
の民とサハラ以北の地中海農耕文化の民はとも
に、主食となるイネ科植物に出会うことができ
た。なかでも古代エジプト文明は、地中海農耕
文化に属し、肥沃なナイルの土壌を舞台に、
冬作のムギ類を利用する文化を大いに発展させ
た。ここでは古代エジプト文明を中心に、イネ
科のなかでも早くから人類に栽培されてきたオ
オムギ の利用方法を見ていく。

（55）動物や奴隷の労働力を投入した、効率的で大規模なオオムギの栽培が古代エジプトの繁栄を支えた

オオムギには、穂の形状の異なる品種がある。左（56）代表的な二条オオムギでは2列に種子が並び、右（57）六条オオムギでは6列に並ぶため、種子の大きさは空間に余裕のある二条系では大きく、六条系では小さい

未利用のエネルギーを「食べるパン」と「飲めるパン」に

パンの起源は、14,400年前のヨルダン北部にまで遡れるという（2018年時点）。ヒトも他の動物たちと同様に、イネ科植物の種子をそのまま食べることはできなかった。しかし、ヒトは、デンプンに水分を加え、加熱するという加工法を編み出し、パンを生み出した。そうして未利用エネルギーであるデンプンを、カロリーとして利用できるようになった。

パンを焼く文化は広く伝播し、古代エジプト文明でもオオムギを使ったパンの文化（農業、製粉、調理のノウハウ）が発展した。ナイル流域の広大で肥沃な大地は、農業の大規模化と相性が良く、組織的にオオムギを栽培していたとされる。記録によると、農業や土木工事に従事

する労働者には、飲むパンと食べるパンが分け与えられた。食べるパンは酵母により発酵したオオムギやコムギ（おそらくエンマーコムギ）の粉を焼いたもの。そして飲むパンもオオムギを原料に、酵母によるアルコール発酵をしたものであり、これがビールの原型である。

リチャード・ドーキンスの「拡張された表現型」という考えを取り入れるなら、デンプンの加熱法を知る前後でヒトは、生物として「進化」したといえるかもしれない。そして「文化」という遺伝情報（ミーム）は瞬く間に水平伝播した。つまりパンを焼くことで現生人類は、より「進化」した生存に有利な表現型を持つ存在となり、地球上での繁栄が約束された。

醸造に利用しやすかったオオムギ

　古代エジプトには、飲めるパンであるビールに加えてワインもあった。ピラミッドの壁画には、ブドウ栽培の様子やワイン醸造の様子が描かれている。

　ブドウから作られるワインは、ブドウ果汁中の糖分をブドウの果皮についていた「酵母」がアルコールに変えることで酒となる。オオムギと同じイネ科から取れる米を原料とする日本酒は、酵母によるアルコール発酵の前にデンプンを糖に変える反応が必要になる。それを微生物がやる場合、その微生物を「麹」という。ではビールはというと、麹は使わず、植物の酵素の力でデンプンを糖に変える反応を利用している。この糖化反応をになう酵素を供給してくれるのが、オオムギの種子から発芽したばかりの芽、いわゆる麦芽である。

　古代エジプトの民は、麦芽とオオムギの煮汁をブレンドすると甘酒のような甘い液体を得られることに気付いていた。穀物の種子は発芽して成長する時期に、種子の中に蓄えられていたデンプンを糖に変えて芽の成長に利用する化学反応が起きる。この反応を利用して穀物のデンプンをどんどん糖に変えるというのが、麦芽を利用した糖化反応である。オオムギの麦芽の酵素は、非常に活性が高く、熱や乾燥にも強いため、発芽した麦芽を乾燥・焙煎しても活性が落ちない。乾燥し貯蔵できる麦芽は、必要な時に必要な量を糖化反応に利用できることから、醸造に利用しやすかった。これがイネだと種子中

（58）ワインは王家などの身分の高い人々が飲む一方で、ビールは庶民から労働者まで広く飲まれていたとされる。当時のビールはアルコール度数が高く、約10％程度だったといわれる

の自前のデンプンを糖に変えるのに必要な量以上の酵素が作れないため、酒造りには麹が必要となる。

　ビールとともに古代エジプトでは酢も造られていたようだ。古代文明の酢造りの技術としては、約5000年前の古代バビロニアの事例が有名であるが、エジプトでは、約10,000年前の酢瓶が見つかっている。酢は、酒造りの延長線上で製造できる。つまり、飲めるパンが酢酸菌の発酵で酢に変わる。これがモルトビネガーであり、ワインからつくればワインビネガーである。このように酢を作る文明は、異なる生物の機能を利用した三つの生化学反応に精通していたことになる。

(59) 羊飼いを描いたとされるロー
マの時代のモザイク画（2世紀頃）。
畜力により高い生産力を持った地中
海農耕文化はヨーロッパにまで伝播
し、ヨーロッパ文明にまで寄与した

(60) 古来より日本を含む東
アジアで栽培されてきたオオ
ムギは全て六条種であり、特
に皮が剥げやすいハダカムギ
が好まれてきた。一方、ビー
ルの生産に利用できる二条種
は、近代以降に欧州から導入
されたものである

地中海農耕文化での家畜化と穀物

　オオムギなどの穀物の生産力が増大すると、
多くの人口をまかなえるようになるだけでな
く、家畜を飼えるだけの飼料生産も可能にな
る。古代エジプトでは牛や山羊、羊、ロバなど
の家畜を飼養しており、壁画などにも家畜を利
用して農業を行う様子も多く残されている。豚
や家禽類はほとんど飼育されていなかったよう
だ。

　家畜はタンパク質源として食用になるだけで
なく、人類の労働力を代替する重要な動力源で
もあった。このような動物の家畜化が地中海農
耕文化の特徴の一つである。アフリカ大陸の東
北に位置しながら、サバンナ農業ではなく地中
海農耕文化の影響下にあったエジプトでも家畜

の動力を投入した集約的な農業が行われてい
た。対照的に、サバンナの穀物生産（雑穀農業）
は、歴史的に家畜を使わなかったため、生産性
に根本的な弱点を秘めていたといえる。サバン
ナでの雑穀生産体制が、地中海周辺でのムギ類
の生産体制に生産力の点で大きく差をつけられ
たのもこのためだと考えられる。

　家畜の力が耕作のスケールと効率を決定して
きた時代は長く、アメリカ大陸の開拓時も馬や
牛などの家畜が開拓農民の生産力の基盤でも
あった。これは、時代を超えて普遍的な農業生
産の構造に関する問題であり、機械化によって
穀物の生産効率が飛躍的に向上した現代にも通
じる視点といえる。

世界の文明の
後ろ盾となったコムギ

DATA

コムギ *Triticum* L.（イネ科・コムギ属）
原産地：ユーラシア大陸中央（コーカサスからメソポタミアまでの地域）／主な分布：世界各地
主要な種 パンコムギ：*Triticum aestivum*（イネ科・コムギ属）、デュラムコムギ：*Triticum durum*（イネ科・コムギ属）、
クラブコムギ：*Triticum compactum*（イネ科・コムギ属）

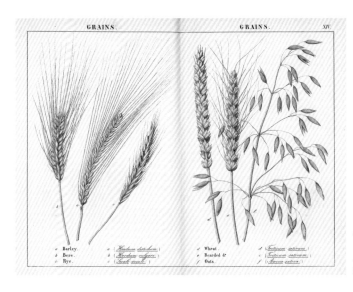

（61）左からオオムギ、オオムギ・ベア種、ライムギ、コムギ、ノギ（芒）の長いコムギ、エンバク。19世紀の食用作物の教科書の穀物の挿絵より

「こなもの」の粉はコムギの粉

　第2次世界大戦後に関西を発信源に全国に広まり定着した食文化に、「こなもの」「こなもん」の文化がある。たこ焼きやお好み焼きをはじめ、うどんや焼きそば等の麺類も本来の意味の上では「こなもの」に入る。ここで原料として使う粉は小麦粉であり、コムギの種子（小麦）を製粉したものである。

　歴史的に小麦は、米飯や麦飯のように粒のまま食べられることは少なく、製粉後にパンやパスタに形を変えて食されてきた。それは小麦は外皮が硬く、胚乳部と分離しにくいため、米で言うところの精米がしにくく、砕いて外皮を分離し、胚乳部を粉状にした方が利用しやすかったためだと考えられる。ヨーロッパから中東・

ペルシャ、北アフリカ地域までの広い地域が、ムギ類を主食とし、小麦を食べる「粉食文化」を形成している。また中国大陸は粉食と粒食が混在する食文化を持ち、伝統的に小麦粉を使った料理も多い。13世紀、『世界の記述（東方見聞録）』を著したマルコ・ポーロが中国大陸（元）からイタリアに持ち帰った麺の食文化が、後にパスタとなったことはよく知られている説である。地中海農耕文化のコムギのレシピが東アジアから逆輸入された事例と言って良い。

　しかしながらコムギに限らず人類が特定の植物だけを重点的に食べる食文化には、メリットも多いが、デメリットもある。特に栄養学上の課題については別のページで取り上げる。

紀元前3000年頃にヨーロッパに伝わったコムギは、中世にはもっとも重要な作物のひとつに。左 (62) 14世紀に描かれたパン屋。当時はコムギのみでつくられるパンは贅沢品だった。右 (63) 19世紀に描かれたパスタを食べるイタリアの人々

コムギと言えば、通常は、左 (64) パンコムギを指す。広くとらえた場合、右 (65) スペルトコムギ、クラブコムギ、デュラムコムギ等のコムギ属の種を含める。なお、イタリアのパスタには、デュラムコムギのみが使用される

粉を使っているか否かがカギとなる餅と麺

歴代中華王朝の食文化を支えた植物を二つあげるなら、コムギとダイズだろう。先史時代に中国大陸に伝えられたコムギを食べる文化は、独自の発展を遂げた。パンは、窯で焼く物よりも蒸したものが好まれるようになり、小麦粉のペーストを発酵させずに焼く「餅」、粘度を持つペーストを成形してゆであげる「麺」が発明された。

中国語圏では、「餅」の字が当てられる料理や菓子はすべて「粉」が使われている。「麺」には、ヌードルの形状に限らず小麦粉でつくられる多くの食材が含まれ、ヌードル状であっても小麦粉でできていないものは「麺」ではない。この意味で、日本の餅は厳密には餅ではなく、

米粉からできる団子こそ「餅」らしい餅ということになる。同じく日本のうどんは間違いなく「麺」であっても、純度の高い蕎麦は「麺」ではないことになる。もっと言うと中国語では、食パンを表す単語にも麺の文字が当てられている（麺包）。パンというのは、膨れた麺ということなのだろう。

麺の定義が広い話をしたが、イタリアにおけるパスタの定義も広く、数百種類を超えるほど多様である。マルコ・ポーロたちが持ち帰ったのは、料理ではなく、パスタの製法であり、粉をこねてペースト（イタリア語でパスタ）にし、成形するものすべてがパスタと呼ばれる。

Gramineae.
1 Hordeae.

46^{II} *A.Triticum vulgare L.*   **Grannenweizen.**
    B.Triticum turgidum L.   **Englischer Weizen.**
    C.Triticum compositum L.   **Wunderweizen.**

（65）ダーウィンは『家畜および栽培植物の変異』（1868）の中でコムギの起源探求に関して、研究者への注意喚起となる考察を行なっている。イラストは、A.パンコムギ、B.リベットコムギ、C.デュラムコムギを描いたもの。

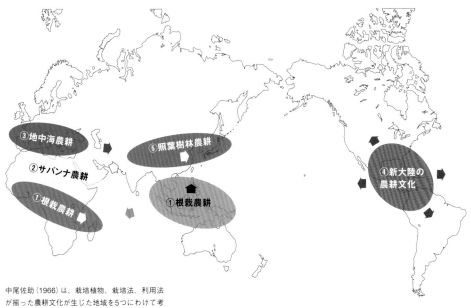

中尾佐助（1966）は、栽培植物、栽培法、利用法が揃った農耕文化が生じた地域を5つにわけて考えた。番号は大まかな成立順。それぞれ複数のバビロフの遺伝資源中心に対応。各農耕文化から矢印に沿って他地域に栽培植物が広まっていった

すべての栽培植物は三日月地帯に遡れるか

コムギは地中海に興った古代文明に取り入れられ、栽培されてきた長い歴史を持つ代表的な栽培植物である。その起源については、近年まで不明な点が多かった。フランスのデ・カンドルは『栽培植物の起源』（1883）の中で、当時の知識からわかる最大限の考察を行い、ムギ類やイネの起源を予想したが正確なことはわからなかった。

ムギやオオムギがチグリス・ユーフラテス川流域の肥沃な三日月地帯やその下流域のメソポタミア地方に起源をもつらしいことが明らかになるにつれ、、栽培植物はすべて同一の起源をもつとする一元的な伝播のモデルが考えられるようになった。実際、多くの栽培植物が、肥沃な三日月地帯に起源をもつ。たとえば同地帯の地中海側（イスラエル・ヨルダン渓谷）の遺跡からは、11,000年以上前のイチジクの実が出土し、世界最古の栽培事例の一つとされている。

20世紀に入るとロシア（ソビエト連邦）のニコライ・バビロフが、世界から網羅的に遺伝資源を収集し、全栽培植物の起源を明らかにするという一大事業に着手し、世界中に探検隊を送り出した。アフリカのニジェール川流域など、調査に含まれなかった地域もあるが、一連の調査を経て、多くの栽培作物の起源が明らかになった。ここでは、バビロフのモデルを踏襲しながらも、中尾佐助による新旧大陸の5大農耕文化の枠組みでヒトと植物との関わりを解きほぐしていこうと思う。「遺伝資源（栽培植物）」と「栽培技術」に「可食化のノウハウ」までを加えたものを「農耕文化」と定義すると、農耕文化は、地理的な特性と植物の特徴から、①熱帯・根栽農耕文化、②サバンナ農耕文化、③地中海農耕文化、④新大陸農耕文化に大別でき、これに温帯地域で①からの派生形として成立した⑤照葉樹林農耕文化を加えた5大農耕文化を考える。5大農耕文化の伝播という枠組みで、この後に登場する穀物やイモ類の伝播の流れを捉えると、栽培植物とヒトとの歴史的な関係性が良く理解できる。

穀物の代わりを果たした
二次作物、ライムギ

DATA

ライムギ *Secale cereale*（イネ科・ライムギ属）
原産地：小アジアとコーカサス周辺／主な分布：作物として欧州
とアジアの高緯度域で栽培

シコクビエ *Eleusine coracana*（イネ科・オヒシバ属）
原産地：東アフリカ高地／主な分布：日本、中国、インドなど

（67）ライムギは、コムギ栽培北限を大きく超えて穀物生産を可能にした。ドイツ以北の欧州諸国にとって重要な穀物。ジャガイモの伝播までは最重要作物だった

コムギを越えて北へと広がったライムギ

コムギの栽培が欧州の北の地域に広がるにつれて、栽培の北方限界に達し、生育できなくなった。そのような冷涼な土地でも生育する作物として選抜されたのが、ライムギである。イタリアやフランスのパンがコムギでつくられるのに対し、ドイツや北欧のパンがライ麦でつくられるのはそのためである。南欧の人々からの評判は決して良くはないものの、その土地土地で、美味しい食べ方が生み出されている。

本書では、①野草、②雑草、および③穀物という用語を次の意味で使っている。①野草は、ヒトの手が加わっていない植生の中で自生する草本性の植物全般。②雑草は、ヒトの生活環境に適応して増える草本性の植物全般。③の穀物は、ヒトが栽培化した植物（作物）全般のうち、デンプンを多く含む食用の種子をつくる1年生の作物である。ライムギはこれら3つのグループには属さず、第4のグループ、二次作物となる。「作物」という名称ではあるが、元々は雑草だった穀物のグループである。ライムギやエンバク、また日本で身近な雑穀、アワ、キビ、ヒエもここに含まれる。

二次作物となる植物は主要穀物の間に生える習性を持ち、大事な穀物にそっくりな見た目をしている。除草作業もすり抜けてしまうような、なかなか「たち」の悪い植物であったが、ライムギのように選抜されヒトの手によって栽培される植物になっていった。

(69) 左／ライムギ、右／エンバク

(68) パリ近郊のイル・ド・フランズ地方の風景
を描いた、カミーユ・ピサロの「ポントワーズ・
ライ麦畑とマチュランの丘」(1877)

(70) シコクビエは、アフリカの雑
草オヒシバと未知の植物種から生ま
れた野生の倍数体植物。イネの伝播
など、サバンナ農耕文化の足跡をた
どる際に指標とされる植物。かつて、
日本の水田で栽培されたこともある

雑穀の波が通り抜けた道

　雑穀農業はサバンナから始まった。多くの雑
穀の起源は、西アフリカのニジェール川流域と
その周辺地域だと考えられている。従って雑穀
は、典型的なサバンナ農耕文化の作物だといえ
る。この雑穀を栽培し、食料にする文化が確立
したのは、紀元前5,000〜4,000年頃と考えら
れている。雑穀栽培の波は約1,000年かけて、
起源地からアフリカ大陸を東に横断し、東岸の
エチオピアにまで到達したようだ。

　サバンナ農耕文化の伝播をたどる上で重要な
指標植物がある。日本でも雑草として見かける
シコクビエである。サバンナ農耕文化の波が通
過した地域では、ほぼ例外なくシコクビエが見
つかる。具体的にはサハラ以南のアフリカの農

業地帯の全域、エチオピア、インド、東南アジ
ア、中国大陸、台湾、日本で見つかっている。

　ここで興味深いのは、雑穀の仲間という栽培
植物は、一様に伝播していったものの、その食
べ方には地域の特性があり、一様な伝播をして
いない。アフリカからインドにかけては、「粉
食」の文化圏であり、小麦粉からパンを作るよ
うに、雑穀を製粉してから調理するのが一般的
であり、粒のままでは食べない。日本を含む東
アジアの粒食文化圏の土地では、アワやヒエな
どの雑穀も臼と杵で精白して粒のまま食べるこ
とが多かった。これらの文化の違いは、これら
の地域に今でも色濃く文化のDNA（ミーム）と
して残っている。

Gramineae.
(Oryzeae.)

Oryza sativa L.   Reis

F. Kirchner sc.

(71)

アジアを満たす
稲作の起こりと伝播

世界の三大穀物のひとつで、現在はアジアを中心に生産・消費がされている米。すなわち作物としてのイネは、自家消費と自国内消費の割合も多く、実質、数十億人がこの穀物に依存しているといえる。イネもまた、他の多くのイネ科の雑草や雑穀の例に漏れず、サバンナ農耕文化で見いだされたとされる。より正確には、乾燥した大地であるサバンナの周辺にある湿地に自生する雑草であった。このアジアの人口を支える主要作物が、実際にどこで、どのように栽培化され、どのように伝播していったのか。また伝播が起きるためには、どのような工夫がなされてきたのかという視点に立って、植物学と歴史の両面から考察をしていきたい。

定点観測地・日本列島に届いた
穀物と雑穀類

長く日本列島に暮らす人々の食を支えてきたのは稲だけではない。稲・麦・粟・黍・豆の五穀に稗を加えた植物たちは、いつ日本列島に伝わったのか。正確な時期の特定は難しいものの、稲作については、考古学的な資料が見つかりやすく、佐賀県唐津市の菜畑遺跡からは縄文後期の水田跡および炭化米が見つかっていることから、3,000年〜2,600年の範囲で栽培の歴史があると推定されている。同様に、コムギは、弥生期から、オオムギも縄文あるいは弥生期か

ら栽培されてきたとされる。

豆（ダイズ、アズキ）とムギ類は、それぞれ、照葉樹林農耕文化と地中海農耕文化に由来する作物であるが、アワ（*Setaria* 属）、キビ（*Panicum* 属）はイネと同様に、サバンナ農耕文化で見いだされたイネ科植物の雑穀であるため、おそらく日本列島での栽培は、イネと同時期（縄文後期）か、それよりも古いと考えられている。アワは中央アジアからインド西北部にかけての地域が原産とされ、キビはユーラシア大陸で広く栽培されてきた歴史がある。これらの雑穀に混ざって伝播した、雑草でもあり雑穀でもある植物に、サバンナ農耕文化の伝播地域の指標として知られるシコクビエなどが含まれる。

熱帯では珍しく栽培化された、種子をつける作物（穀物）がハトムギである。中国からインドシナ半島にかけてが原産とされている。ハトムギの見た目は、日本の河川敷や野原で見かけるジュズダマによく似ていて、実際、ジュズダマはハトムギに対する雑草ということになる。ジュズダマの挙動も熱帯地域からの根栽農耕文化の伝播と連動しており、根栽農耕文化が伝播していったほとんどの地域にはジュズダマが根付いている。中尾佐助によると、新大陸の発見以前に日本列島に伝播したハトムギ以外の穀物は、すべてサバンナ農耕文化から派生したものか、地中海農耕文化から派生したムギの仲間に含まれる。

故郷が二つある
イネの起源と進化

DATA

オリザ・グラベリマ *Oryza glaberrima*
原産地：アフリカ西部／主な分布：アフリカ西部
ノイネ *Oryza rufipogon*（イネ科・イネ属）
原産地：西インドからインドネシア島嶼地域までの広い地域／
主な分布：アジアおよび、北米
アジアイネ *Oryza sativa* L.（イネ科・イネ属）
原産地：中国大陸の長江流域と考えられている／
主な分布：要穀物の一つとして世界中で栽培

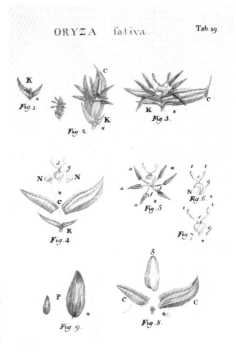

（72）ムギ類が乾燥地に由来する
のに対し、イネは湿地の雑草に由
来する。イネ科イネ属23種のう
ち、2種のみが栽培種。アジアイ
ネはアジアを中心に栽培され、世
界の三大穀物の一角を占める

もう一つのイネの起源、アフリカ・サバンナ

　近年、植物の栽培化と農業上有害な雑草との生存競争の様子が、「種の急速な進化」の例として多くの研究者によって研究されるようになってきた。つまり、ある植物が有用な作物として栽培されるようになると、品質や収量に劣る近縁のとても良く似ている植物が雑草として入り込んできて農地に適応し、作物植物との種間競走を始める。ヒトにとっては収量や商品価値を落とす深刻な問題である。しかし元をたどれば作物として栽培されている植物も、人の生活環境周辺に現れた雑草であった場合が多い。イネもまた、他の多くのイネ科の雑草の中から選び出された作物である。
　イネがサバンナ農耕文化の影響のもと栽培化

されたらしいことは、稲を栽培するほとんどの地域で、サバンナ農耕文化の伝播の指標となるシコクビエが生育することなどからも指摘されていた。シコクビエの原種と思われるイネ科植物は、アフリカ西岸のニジェール川流域で見つかっている。イネの原種の一つも、同じくニジェール川流域でサハラ砂漠の南に位置する地域から見つかった。オリザ・グラベリマ（アフリカ・イネ）という湿地の雑草である。この種は雑穀としてアフリカの地で食されており、ニジェール川流域では2,000年～4,000年前にはコメ栽培が始まっていたとされる。アジアに広がったイネにつながる系統ではないが、アフリカのサバンナにもイネの起源があった。

左（73）、右（74）和名ではノイネ、ヒゲナガノイネと呼ばれるオリザ・ルフィポゴンの種子と繁茂する様子。穀物として育てられるイネと比べ、種子の量も少ない

（75）アフリカイネは、現在もアフリカ西部（ニジェール川流域）で栽培されているイネである（写真は栽培の風景）。栽培化される前の原種はオリザ・バルシー（*O. barthii*）で、アジアイネとはルーツが異なる

イネの原種はしぶとすぎる雑草

　世界の多くの場所で食されている米は、主にアジア起源のイネである。アジアのイネの起源を探る旅は、20世紀のバビロフ隊の調査以来、様々な研究者が取り組んできたテーマであり、その結果、インド西部の湿地帯にアジア米のルーツがあることがわかった。

　稲作の場合も種間競争相手となる多くの水田雑草が知られる。なかでも米国では、あるアジア原産のイネ科植物を「侵略的な有害雑草」としてリストに載せている。そのイネ科植物とは、赤っぽい実をつけることからブラウン・ブレッド・ライスとも呼ばれる水田雑草、オリザ・ルフィポゴンである。この植物は、種を水田にばら撒きやすいため、毎シーズン、イネに混じって生育し、収穫した米の商品価値を下げてしまう。さらにイネの近縁種であるため、除草剤も使えず、駆除が非常に困難で、米国だけでなく東南アジア諸国や韓国でも深刻さを増している。

　一方、中国雲南省の遺伝学者（Gao、2005年）は、ルフィポゴンを次のように評している。「農業上、最も重要で、深刻な絶滅の危機に瀕するイネの種である」と。なぜなら、この種こそが、我々が食べているアジア米の原種（ノイネ）だからである。主要穀物としてヒトに選ばれたイネの原種は、ヒトの手によってイネが進化していくなかでも、水田雑草としてしぶとくたくましく生き延びている。

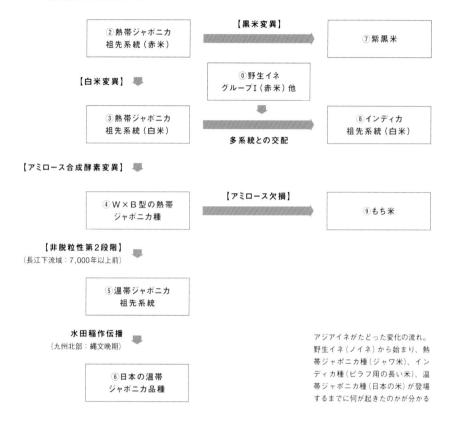

①野生イネ
グループⅢa（赤米）

【非脱粒性、直立性】

②熱帯ジャポニカ
祖先系統（赤米）

【黒米変異】

⑦紫黒米

【白米変異】

⓪野生イネ
グループⅠ（赤米）他

③熱帯ジャポニカ
祖先系統（白米）

多系統との交配

⑧インディカ
祖先系統（白米）

【アミロース合成酵素変異】

④W×B型の熱帯
ジャポニカ種

【アミロース欠損】

⑨もち米

【非脱粒性第2段階】
（長江下流域：7,000年以上前）

⑤温帯ジャポニカ
祖先系統

水田稲作伝播
（九州北部：縄文晩期）

⑥日本の温帯
ジャポニカ品種

アジアイネがたどった変化の流れ。野生イネ（ノイネ）から始まり、熱帯ジャポニカ種（ジャワ米）、インディカ種（ピラフ用の長い米）、温帯ジャポニカ種（日本の米）が登場するまでに何が起きたのかが分かる

ゲノム分析から見えてきた稲作の起源

　今では世界中で栽培されているアジアイネを二つのタイプに分けるなら、ジャポニカ型とインディカ型に大別できる。前者は丸みを帯びた短い種子を作り、後者は細くて長い種子をつける。実は世界で消費されるコメの9割がインディカ米で、日本食に欠かせないジャポニカ米の生産は、少数派といえる。なおジャポニカ米は生育分布や特質の違いから熱帯型と温帯型に分けられる。米の違いは粒形の違い以外に、もち米とうるち米の違いもあるし、古代米という名で流通する赤米など、色が異なるものもある。

　このようなイネの品種の違いがどのような順序で生じてきたのか、考古学研究で突き止めるのには限界があるが、生物がどのように変化し

て来たのかの履歴はDNAに刻まれているはずである。日中の研究グループが共同で2012年に『Nature』誌に発表した論文では、1,083品種ものアジアイネと、アジア産の446系統もの野生イネの全ゲノム配列を比較し、野生イネから熱帯ジャポニカ系統ができたこと、熱帯ジャポニカの一部の系統が選抜されて温帯ジャポニカ系統になったことなどを結論付けている。東京大学の伊澤毅は自身の研究成果も加えて、栽培化されたイネの起源を遺伝子の変異から整理した、非常にわかりやすい総説を公表している。これをもとに野生のイネからどのように現在のイネの品種がつくられてきたのかを、上のフローチャートにて要点のみを抜粋した。

(76) アジアイネの種子（胚乳）の粒形の違い。左から熱帯ジャポニカ種、インディカ種、温帯ジャポニカ種。ジャポニカ種は丸く短い粒形、インディカ種は細く長い粒形

(77) 温帯ジャポニカ種の故郷は、七千年以上前の中国・長江下流域とされる。そこで熱帯ジャポニカ種から、より高緯度での生育が可能な温帯ジャポニカ種が誕生した。絵は中国（明）の水田作業風景（1696）

日本のジャポニカ品種ができるまで

アジアのどこかで野生イネが最初に栽培化されたとき、実った種が収穫前に飛び散らないように脱粒性を失った植物を選抜したこと、葉や茎が倒伏しないように直立性のものが選抜されたことが遺伝子から見える（図①→②）。これが最初の熱帯ジャポニカ米の誕生である。この時点までは野生イネと同様に赤米で、赤米が白米に変異した様子も遺伝子発現をコントロールする上流遺伝子（転写因子）の変化としてゲノムに記録されている（②→③）。

米の粘り気はデンプンの構造で決まるが、もちもちとした食感を増やす方向に遺伝子上の変化（Wx遺伝子、WxAアリルからWxBアリルへ）が起き、その系統はさらなる遺伝子の変化を経験して、非脱粒性の傾向がさらに強まる。これらの変化が起きたのが約7,000年以上前の長江下流域だと考えられる（③→④→⑤）。この系統の種子はなかなか脱落しないため、藁ごと収穫した後に千歯扱きで脱穀するか、穂を狩り集めて臼と杵で衝いて脱穀をする必要がある。紀

元前10世紀前後に水田稲作技術と共に日本に伝えられたのは、この段階の温帯ジャポニカ品種であったと考えられている。その後現在に至るまで日本の水稲用品種は、温帯ジャポニカとしての特徴をよく保っている（⑤→⑥）。

主線から分岐する三つのルートを見ていこう。原始的な熱帯ジャポニカ米の「黒米化」では、色素合成に関係する遺伝子に変化が生じた（②→⑦）。熱帯ジャポニカの祖先系統は他系統との交配を繰り返し、栽培化されたインディカ米にも白米化などの形質を伝えた（③→⑧）。したがって先に熱帯ジャポニカ米が野生イネから分岐して、次にインディカ米が登場したことになる。日本の餅や英国のライスプディングなどで使われるもち米は、アミロース合成に関する遺伝子の機能を喪失した系統のイネから作られ、デンプンにアミロースを一切含まず、代わりにアミロペクチンと呼ばれる分岐の多いデンプンのみを持つため、粘り気が強い（④→⑨：もち米の誕生）。

日本が誇る原風景は
ジャポニカ米と科学の賜物

DATA

ジャポニカ米　*O. sativa* subsp. *japonica*（イネ属・イネ科）
原産地：中国・長江下流域／主な分布：中国、日本、朝鮮半島

(78) 雑草に起源を持つイネにはさまざまな変異種が存在し、江戸時代に描かれた岩崎灌園の『本草図譜』(1844)にも、多くの品種が記されている

陸稲から水稲へ

　中国大陸の長江下流域の河姆渡遺跡では、約7,000年前の120トンもの炭化した備蓄米（籾と藁）が出土している。主に熱帯ジャポニカであるが、この頃の長江下流域では既に温帯ジャポニカが出現していたと考えられている。日本列島でも約6,400年前のイネのプラントオパールが出土している（岡山県・朝寝鼻貝塚）。縄文中期に日本に存在したイネはすべて熱帯ジャポニカであり、それらは陸稲として栽培されていた。

　九州北部には温帯ジャポニカの痕跡となる水田稲作にまつわる遺構が多くのこる。日本最古の水田稲作跡として知られる佐賀県の菜畑遺跡からは大規模な水田があったことを示す水路、

堰、取排水溝、木の杭、矢板からなる畦畔が発掘され、石包丁などの農具とともに炭化米も出土している。プラントオパール分析と花粉の分析からも特定の地層を境にイネの栽培が始まったことを裏付ける結果が得られている。2,200～1,800年前の立屋敷遺跡（福岡県）からは稲作を裏付ける石包丁の農具などが発掘されている。ドングリ(イチイガシ)の貯蔵穴も見つかっており、水田稲作が始まった後も堅果類を食料として利用していたことがわかる。水田稲作は2,100年前頃には青森県にまで広がっていた。日本では水田での稲導入後も長い期間、陸稲である熱帯型と水稲である温帯型の二つのジャポニカ米が混在した時期が続いたとされる。

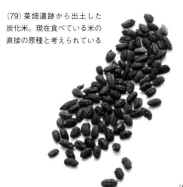

（79）菜畑遺跡から出土した炭化米。現在食べている米の直接の原種と考えられている

（80）水の豊かな日本では簡易な「ダム」と、それをつなぐ灌漑への接続を設計するだけで山間部に迫る広大な土地が水田に置き換わり、水を抜けば畑地に戻り二毛作が可能になる。（棚田の風景。歌川広重『六十余州名所図会』信濃 更科田毎月鏡台山）

曲面に水平面を配置する水田の発明

　イネは湿地を好むためメコン川下流域をはじめ多くの湿地帯で稲作がおこなわれている。なかには水深が数メートルに達する場所で、水面に浮かび上がる浮稲の状態で栽培されることも多い。水稲栽培の伝播に際し、栽培地は実際の湿地から、湿地を模倣した人工湿地である水田へと広がりを見せる。以下の話題は、稲作の伝播と無関係で唐突な話題に聞こえるかもしれないが、フランスの物理学者A.J.フレネルが発明した平面型レンズについて紹介したい。このレンズは、19世紀の光学分野を代表する発明のひとつで、21世紀の超精密・ナノ加工分野で半導体発光素子を利用する際にも欠かせない重要な技術となっている。フレネルのレンズは、一見すると平面の板であるが、凸レンズとして働くための「曲面」が省スペースながら完全に再現されている。通常の凸型のレンズでは、レンズの表面が薄い部分から厚い部分へと緩やかな曲線を描く。一方、フレネルは、凸レンズを同心円状の区間に細かく分割して、本来のレンズ表面の曲面を区間内の傾斜として小刻みに再現し、ノコギリ状の断面を持つ平面レンズを作り上げた。

　このような光学で用いる幾何学的な配置の工夫について説明したのには理由がある。古代の人々は、本質的にフレネルのレンズと同質の工夫を編み出している。古代の水稲作を発明した人々は丘陵地を等高線別の区間に細かく分割して、本来の丘陵地の曲面を区間別に水平の湿地として小刻みに再現し、階段状の断面を持つ人工の湿地帯を作り上げた。つまり、古代の人々は、フレネルが行った「曲面の断片を水平面上に配置する」という幾何学的な処理と逆の処理「水平面の断片を曲面上に配置する」を行い、どこまでも続く低地の平野でしか成立しない湿地を丘陵地にまで拡大した。これが水田の発明であり、このように重力に逆らって丘陵地に水を溜めおく「フレネル型の分割ダム工法」により、湿地の雑草であったイネを計画的に広範囲の土地で耕作することが可能になった。

　現在、水田として人工的に作り出された広大な面積の「湿地」は、水鳥の生息地としての湿地を管理・保護するためのラムサール条約によって湿地生態系として登録され、保護の対象となっている。つまり水鳥の生活圏は、水田という人工湿地の発明によって一気に拡大したことになる。実際に、湿地を人工的に再現するためには、数学と一体化した測量・土木工学が必要となる。稲作の伝播とは植物の種子の利用にとどまらず、農耕周辺の科学技術の伝播でもあったはずである。古代の人々の知恵と技術の伝承の精密さには、いつも驚かされる。

ソバの起源はシベリアか、中国か

ソバほど強烈なファンを持つ穀物を、筆者は他に知らない。
長らく議論が止まっていたソバの起源地を確定させたのは、
日本の研究者の足を使った調査だった。

日本国内には非常に多くのソバ愛好家が存在する。ソバ（*Fagopyrum esculentum*）を題材に、文学や哲学も生み出されている。日本だけではなく、ソバは広くユーラシアの端から端まで、重要な食材として利用されてきた歴史がある。特にロシアやフランスでは、現在もソバ粉を使った料理が日常的に食されている。山地や荒れた土地でも栽培できることから、救荒食として利用された歴史を持つ地域も多く、現代では食文化が失われた地域も多い。中国でもかつては一般的な穀物の一つであったが、現在は、好まれていない。

さらしなとサラチェーノ

異なる地方でたまたま同じような音の単語で呼ばれているものがあるが、そういう事例を見つけるのは楽しいものだ。日本のソバとヨーロッパでのソバに対する呼称も、その一例である。日本のソバに産地である更級から「さらしなそば」と呼ばれるものがあるが、フランス語では製粉したソバ粉を「サラザン粉」、あるいは「サラザン」と呼ぶ。さらにイタリア語では「サラチェーノの小麦粉」と呼んでいる。アルファベットで比較するとSARASHINA（日）とSARRASIN（仏）とSARACENO（伊）となり、ずいぶん音が近いと感じてしまう。遡ると東ローマ帝国時代のギリシャ語では、「サラケノーシュ」とも言った。これらからソバがヨーロッパに伝播した当時に、

アラビア半島を占有して強大帝国を築いたイラン系の人々「サラセン人」に因むのは明らかに思える。アルフォンス・ドゥ・カンドルは、著書『栽培植物の起源（Origine des Plantes Cultivées）』（1883）の中で、これがサラセン国からの由来を示すのか、ソバの色からの類推で生まれた名称かはわからないと記載している。

100年越しに判明したソバの起源地

ドゥ・カンドルは同書のソバの項で、「満州、アムール川流域、ダウリヤ地域やバイカル湖周辺」でのソバの自生の報告を紹介している。また「満州」とは区別して「中国」および「インド北部の山間部（ヒマラヤ北部地域）」でも見つかっているとの記述もあるが、それに続き、原産地としては否定的な見解を述べている。つまり、ソバの原産地として満州からシベリアを肯定しているように取れる。その後、長らく栽培植物としてのソバの起源地を示す説は提示されてこなかった。しかし、1992年に京都大学のグループが中国雲南省永勝県五郎河発電所近くの高地でソバの原種と思われる植物の群落を発見。分析試験を経て、複数の論文として野生祖先種（*F. esculentum ssp. Ancestrale* Ohnishi）の発見と、植物の特徴について報告している。これによりソバの原産地は、満州でもシベリアでもインドでもなく、中国西南部三江地域を起源とすることがほぼ確定した。

(81) ソバはタデ科ソバ属の一年
草で、痩せた土地でも栽培ができ
る一方で、他穀物と比べて収穫量
は少ない。日本では縄文時代後期
から弥生時代の高知県・田村遺跡
にてソバの花粉が見つかってお
り、弥生時代にはソバが利用され
ていたと考えられている

(82) 日本で麺（蕎麦）や蕎麦がき
として食されているソバだが、フ
ランスではクレープ状のガレット
であったり、ロシアや東欧では乾
煎りしたソバの実を煮たものに牛
乳、砂糖、はちみつなどをかけて
食すなど、さまざまな用いられ方
をしている

3章　農耕と文明

Dioscorea Decaisneana.

デンプンの塊を生んだ
新旧大陸の草木たち

　熱帯地域、特に東南アジアに興った農耕文化が、根栽農耕文化である。おそらく人類初の栽培植物を利用した先人たちは、日本のナガイモに近いヤムや、サトイモの仲間であるタロイモといった広義のイモ類の栽培化に成功した。この世界最古級の農耕文化には中尾佐助により「根栽農耕文化」という名称がつけられたが、実際は「栄養繁殖農耕」のほうが無理がないだろう。この農耕文化の主な作物はいずれも種子を使わず、栄養繁殖で増えるものばかりである。またもう一つの特徴としてこの文化圏では、貯蔵のきかない生のデンプンや糖質を主食とする食生活が根付いていることもあげられる。

　イモという植物の貯蔵器官は、土中に生じる「生のデンプンの塊」である。そういった意味でヤムやタロイモは、まさにイモらしいイモである。また中にはムカゴのように土中ではなく「空中の実るイモ」と呼ぶべきものも存在する。これらに共通する問題点は、水分が多く、輸送と保存が難しい点である。年間を通じてその都度、必要な分を掘り出したり、摘み取ったりしなくてはいけない。その点、バナナはまさしく年間通じて実りが期待できるデンプンの塊である。熱帯地域ではこれにサトウキビを加えると、一年中カロリー源には困らない。

世界的に重要なイモ類は新大陸から生まれた

　大航海時代まで新大陸と旧大陸は基本的に隔離されていたといって良い。お互いに影響がほとんどない二つの世界で興った農耕文化が、同じような性質の作物を生み出したことは興味深い。中でも東南アジアに興った根栽農耕文化に一番近いのは、同じ熱帯域である南米の北部地域、カリブ海に面した熱帯サバンナのキャッサバ栽培を中心とした農耕文化だろう。言うまでもなくキャッサバも生のデンプンの塊である。

　南北に長く、また標高の高い地域も含む南北米大陸では、ユーラシア大陸とアフリカ大陸で起きたような熱帯、温帯、寒帯に合わせた気候別の農耕文化が興り、それぞれから世界の農業を変えるような代表的な栽培植物が誕生している。「新世界」と称するときに南北米大陸にオセアニアを加えるのは、大航海時代以降の西洋からの視点であるが、農耕文化の視点に立てばオセアニアは東南アジアを中心に興った根栽農耕文化圏に含まれる。ただし注意が必要なのは、オセアニアの島嶼地域が南米の植生とアジアの植生をつなぐ「橋」の役割をしていることである。決して大きな「橋」ではないが、その役割は無視できない。これについては、サツマイモのページで紹介する。

ヨーロッパも憧れた熱帯の楽園
ヤム、タロイモ、バナナ

DATA

ヤム *Dioscorea* L.（ヤマノイモ科・ヤマノイモ属）
原産地：熱帯アジア、中国大陸／主な分布：アフリカ、アジア、ラテンアメリカ、西インド諸島などの熱帯地域

タロイモ *Araceae*（サトイモ科）
原産地：／主な分布：世界各地の温暖な地域

バナナ *Musa* spp.（バショウ科・バショウ属）
原産地：東南アジア、南アジア／主な分布：世界の熱帯から亜熱帯地域

その他の登場植物：パンノキ：*Artocarpus altilis*（クワ科パンノキ属）、
サトウキビ：*Saccharum officinarum*（イネ科・サトウキビ属）

(84) 熱帯農耕文化圏で栽培化されたタロイモ。現在もアジア・オセアニア・アフリカの熱帯雨林地帯では多くの品種が栽培され、主食にする民族や地域も多い。いくつかの種は、照葉樹林農耕文化圏にとり入れられた

パンが空から降ってくる生活

　トンガなど南洋の島の、熱帯の伝統的なキッチンガーデンは、年間を通じて豊かな実りを与えてくれる。住居の周囲にバナナ、ケープ、タロイモ、ココナッツ、パパイヤ、ヤム、パンノキなどを植え、一年間の食料をまかなってきた。ある南洋の島では庭にパンノキが20本程度植えてあれば1年の半分の期間は空からパンが降ってくるので、食べるものに困らないという。熱帯雨林では、このような光景が数千年間繰り返されてきたのかもしれない。豊かな自然に囲まれた熱帯の生活というのは、快適なものだったと思われる。

　パンノキは名前が示すように、パンのような食感のデンプンの塊を実らせる作物である。「パ

ンのなる木」という響きには魅力があるのだろう。このパンノキに憧れて船を出した大航海時代のエピソードがある。著名なクック船長引退後の1778年に送り出されたバウンティ号の航海は不運続きだった。任務自体はタヒチからパンノキの果実を積み出し、自国に持ち帰ることであったが、艦長に人望がなく、航海中に船員の反乱を招いて艦長ひとりが救命艇に乗せられて母船から追放された。その後も船員が勝手に南の島に住んだり、反乱に関わった船員が逮捕されたり、積み荷を詰め替えた船が大破したりとトラブルが続いた。結局、パンノキはイギリスには届けられなかった。

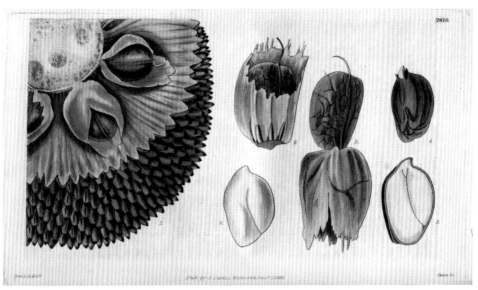

(85) パンノキは加熱調理したときに「パン」のような風味や食感をしていることから名付けられたとされる。蒸し焼きや丸焼きなど調理して食す他、葉で果肉を包んで土に埋め、発酵させて利用する方法もある

熱帯に興った種を使わない農業の形

東南アジアの伝統的な農業では、種子を利用する場面がほとんどない。種をつくらない倍数体を利用した作物が多く生み出されている。その筆頭がバナナであり、パンノキである。バナナは基本的に3倍体と4倍体があり、パンノキは3倍体である。3倍体の植物は基本的に種が取れないので有性繁殖ができず、ヒトが植えなければ増えることはない。先史時代に農耕文化を生み出した人々にどの程度の遺伝学の知識があったのかはわからないが、東南アジアの人々は結果的に、栽培に有利な「種なし」の作物ばかりを選び、生み出していったということとなる。なお、バナナの仲間はゲノムが進化の過程で倍数化する大事件が何度も繰り返されて種が確立したと考えられており、育種による倍数化とは区別すべきかもしれない。

多様な食用種を持つヤムとタロイモ

ヤムの栽培種には熱帯を好むダイジョ（D. alata）や温帯を好むナガイモ（D. batatas）などが知られ、それぞれ熱帯アジアおよび中国大陸が原産とされる。現在は、アフリカ、アジア、ラテンアメリカ、西インド諸島などの広く熱帯地域で栽培され、主食や根菜として食されている。すべての栽培植物の中でもヤムは、同属の中に数多くの食用種を持つ多様性を見せる。かつて中尾佐助が滞在したある小島では、島内だけで200種を超えるヤムが栽培されていたという。東南アジアのヤムの中には強い苦みや毒性を持つものがある。通常は食用としないが、食料が欠乏するとこれらの毒イモも食されるという。なおヤマノイモ（D. japonica）は日本原産種とされる。

同じく古くからの栽培植物であるタロイモの仲間は、世界各地の温暖な地域と熱帯アジア・オセアニアの島嶼域、アフリカの熱帯雨林地域で栽培されている。こちらも多くの種類があり、主な栽培種に日本にも伝わったサトイモ（Colocasia antiquorum）が属するサトイモ科サトイモ属の他、クワズイモ属、リュウキュウハンゲ属、スキマトグロッティス属がある。タロイモの栽培種のほとんどは、地中のイモを食べることができるうえに、いくつかの種ではズイキ（茎）も食用になる。しかし、イモもズイキも食用にできない種もあり、そういう栽培種は薬用に利用されてきた歴史がある。

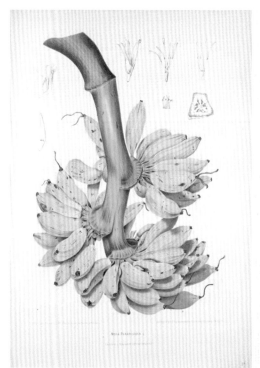

FIG. 306. — Groupe de Bananiers au bord d'un fleuve (Brésil).
T. I, FASC. II. 19

(86)

(87) プラントハンターが見た、ブラジル
で鬱蒼と茂るバナナの森（1901）。熱帯ア
ジア生まれのバナナが、新大陸の熱帯地域
の環境にも適応し繁殖したことが分かる

バナナの野生種は種子がぎっしり

　大型の「草」が地上に実らせるイモによく似
たデンプンの塊であるバナナも、古くから栽培
化された作物である。一説によると、バナナの
栽培の履歴は9,000年と見積もられている。た
だし、考古学的な裏付けは乏しい。北欧の泥炭
や砂漠の乾燥した大地の下の地層と異なり、バ
イオマスの生産と分解が常に活発な熱帯雨林で
は、過去数千年に遡った植物の栽培化を裏付け
る決定的な考古学資料が見つかりにくいためで
ある。

　バナナの品種は多様で、甘い生食用のものだ
けでなく、料理用途の種の生産と消費も非常
に大きい。マレー半島のバナナの原種（*Musa
acuminata*）の実には、硬い種子がびっしり

と詰まっており、食用にはできない。これは果
実を食べた動物によって効率よく種を散布して
もらうための植物側の戦略であるが、栽培する
側からすれば好ましい性質ではない。

　バナナの栽培化の歴史は、種子の詰まった野
生種から種なし果実を実らせる品種への改良の
歴史だったと考えられている。ニューギニアで
歴史的に栽培されているバナナの品種の多く
は、受粉無しでも実をつける「単為結果性」を
示す。熱帯の先人は、偶然雌花が受粉しなくて
も結実する変異株を野生の中から選び出したの
だろうか。これを株分けをするなどして栽培が
始まったのが最古級の農業の事例の一つとする
見方もある。

(88) マレーヤマバショウとリュウキュウバショウとの雑（*Musa × paradisiaca*）の特徴を描いたイラスト。現在栽培されるバナナの多くがこの雑種の3倍体栽培品種とされる

新大陸に向けて動いたバナナ

　東南アジア・南アジアを原種2種の原産地とするバナナだが、現在は、世界の代表的なトロピカルフルーツとなっている。バナナの伝播はマレー半島を起点として、①フィリピン経由でニューギニアに向かった経路、②ジャワ島、ボルネオ、スマトラへと拡がったルート、③バングラデシュの陸路、④インド洋の海路を経てインドへ、さらにはアフリカへと拡がった経路が考えられている。伝播の旅の途上にもう一つの種（*Musa balbisiana*）が加わり、種間交雑も進んだ。新大陸へのバナナの到達は、コロンブス以降との考えが主流ではあるものの、それ以前に南太平洋ルートで加工・調理するタイプのバナナが伝播していたとする説もある。

　面白いことにバナナの伝播ルート上では、ヤムも見つかる傾向にある。ヤムはマレー半島を起点にバナナと同じルートで伝播したと考えられる。一方、タロイモの伝播ルートはマレー半島起源ではなく、より西方からである。熱帯農耕文化から派生した照葉樹林農耕文化には気候の違いからバナナはたどり着けなかったが、ヤムとタロイモの仲間が動いたことになる。

　最後に、熱帯の糖質源にもう一つ加える。典型的なプランテーション作物であるサトウキビは、もともとは、生の搾汁が食用にされてきた。搾汁には糖とともに蛋白源とビタミンを多く含み、先史時代からの重要な栄養供給源であったと考えられている。

新大陸が生んだ三つのイモ
キャッサバ、サツマイモ、ジャガイモ

DATA

キャッサバ *Manihot esculenta*（トウダイグサ科・イモノキ属）
原産地：ブラジル南部からパラグアイにかけての熱帯サバンナ
サツマイモ *Ipomoea batatas*（ヒルガオ科・サツマイモ属）
原産地：中米（原種の *I. trifida* はメキシコ原産）
ジャガイモ *Solanum tuberosum* L.（ナス科・ナス属）
原産地：アンデス山脈

（89）熱帯サバンナを原産とする「イモを実らせる木」キャッサバは、乾燥と暑さに強く、アフリカやアジアの耕作不適地とされてきた荒れ地でも栽培できることから、速やかに導入が進んだ

世界作物となった熱帯、温帯、高地のイモ

　新大陸、中南米では、異なる温度帯にヒトが定住している。熱帯サバンナにも、温暖な平原にも、アンデス山脈に沿った気温が低く、酸素も薄い高地にも歴史的にかなりの人口を要する集落や都市が形成されてきた。これは、どの土地においても生産性の高い作物に恵まれてきたからに他ならない。中南米の熱帯地域ではキャッサバ、温帯地域ではサツマイモ、冷涼な高地ではジャガイモと、それぞれの環境で高い生産性を示すイモが栽培されてきた。現在では、これらの三つのイモ類は世界各地で生産されるようになり、旧大陸のイモ類を押しのけ、世界での生産量のトップ3を占めるまでになった。これは旧大陸にあった旧来の作物が能力を発揮できなかった荒れた土地、痩せた土地、過酷な土地において高い生産性を発揮し、それまでの作物と入れ替えが行われた側面もあるが、耕作に適していなかった土地をヒトの手によって豊かな農地に変えてきた側面も大きい。

　ちなみに英語でポテトといえば、ジャガイモを指し、サツマイモはスウィートポテトと呼んで区別される。しかしもともとはポテトはサツマイモを指す中南米の語から派生した単語である。大航海時代を経て新しいイモの存在に気付いたイギリス人は、ペルーの人々が植物の塊茎・塊根をさして使う言葉バタタ（batata）を自らも使うようになり、いくつかの転訛を経て、現在のポテト（potato）となった。

Fig. 152. — Racine de Manihot.

左（90）、上（91）東南アジアでは、
サゴヤシパール（葛餅状の食品）が
食されていたが、近年キャッサバを
原料とするタピオカに代替された。
1980年代に台湾で創案されたタピ
オカティー（バブル・ティー）によ
り認知度が高まっている

（92）新大陸と旧大陸のバイオーム
は相似形であったため、新大陸発の
熱帯のイモ、温帯のイモ、高地のイ
モは、旧大陸でも栽培された。図は、
ヒマラヤの麓の熱帯、中高度の温帯、
高地の寒帯のバイオームを示してい
る（1901年当時）

すべての作物の中で、生産効率１位のキャッサバ

中南米の熱帯サバンナ気候に適応したイモ類
が、キャッサバである。近年、タピオカの原料
として日本国内でも認知度が高まっているが、
中南米ではトウモロコシに次ぐ主食として長く
欠かせない作物であった。キャッサバには、大
きく分けて生食用の品種（弱毒・甘味種）とデ
ンプン用（強毒・苦味種）がある。苦味が強い
品種の場合、可食化するために毒抜きをする必
要がある。この毒は、青酸の配糖体なので、デ
ンプンを水にさらす方法が最も効果的な毒抜き
法であるが、現地での毒抜きの方法は、すりつ
ぶしたキャッサバを絞り、水を加えてまた絞る

というものだった。

キャッサバは灌木性のイモである。樹木であ
るが、地下部にデンプンを貯蔵した塊根を何本
も形成する。キャッサバも多くの熱帯性の栽培
種がそうであるように種子ではなく栄養成長で
増え、栽培する際は一般的に挿し木で増やす。
カロリー基準で見た場合、どの作物よりも作付
け面積あたりの生産効率が高い。キャッサバの
世界での生産は、現在、南米：アジア：アフリ
カで１：１：２の作付面積比率となっている。原
産地である南米よりも他地域での生産の方が圧
倒的に多くなっている。

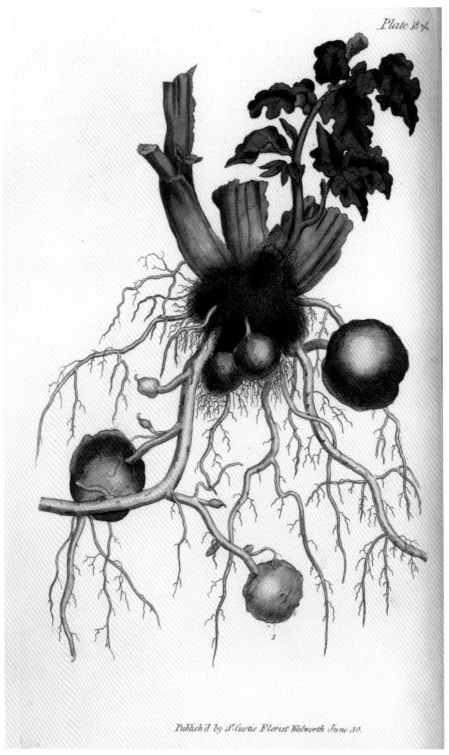

Plate 18

Publish'd by S.Curtis Florist Walworth June 30.

（93）ジャガイモは、標高3800ｍを超えるペルー南部のチチカカ湖畔で生じたと
考えられている。そのため、高地や寒冷地での栽培に適した作物として世界の耕
作可能地を大幅に増やす役割を担った

（94）アイルランドのジャガイモ大飢饉時の様子。ジャガイモの不作により農民が土地を手放し、島内の農業基盤が崩壊し、人口流出の引き金となった。島内人口は176年が経過した現在も飢饉以前より少ない

ATTACK ON A POTATOE STORE.

救荒食としてのジャガイモと飢饉

　紫色の可愛らしい花を咲かせるジャガイモは、マリー・アントワネットが帽子の飾りとして使ったことでも知られる。花は咲かせるものの、繁殖には種子ではなく塊茎の一部を種芋として畑に植え付ける。アンデスの高地帯に原産を持ち、冷涼な気候に適応した作物であることから、新大陸から欧州に持ち帰ったスペイン人よりも、高緯度に位置するドイツ（プロイセン）やフランスにおいて、その有用さが見つけ出された。しかしそれは欧州への伝播から1世紀ほどの時間を要した。プロイセンとフランスは国策としてジャガイモの作付けを奨励し、後に欧州各地で救荒食として取り入れられるようになった。日本には、16世紀末にオランダから持ち込まれたとされ、江戸後期から明治にかけて北海道での作付けが進められた。それ以前よりあったサツマイモとともに、飢饉時の非常食として栽培、品種改良が重ねられていった。

　このようにジャガイモは国、地域を問わず貧しい層の食生活を支えた側面が非常に大きいが、一方で深刻な飢饉をもたらしたことも知られている。なかでも1845年から1849年にかけて、アイルランドを直撃した深刻なジャガイモの不作は、650万人の人口の内、100万人の餓死者を出す大規模な飢饉につながった。現在、世界中で確認できるジャガイモ疫病菌は、アイルランドのジャガイモ大飢饉の病原菌に由来する「単一のクローン」であることが明らかにされている（Goodwin et al., 1994）。

　植物は環境中に存在する様々な外敵にさらされてはいるが、栽培植物は特定の敵と戦うケースが圧倒的に多い。そしてその敵は、作物が栽培される環境でのみ大発生をする性質を持つ。このような病原微生物は、栽培植物の伝播とともにヒトの手によって世界中に広まったと考えざるを得ない。飢饉につながる植物の病気については、82ページのコラムでより深く言及する。

ヒトよりも、遥か以前に
海を渡ったサツマイモ

DATA

サツマイモ *Ipomoea batatas*（ヒルガオ科・サツマイモ属）
原産地：中米（原種の*I. trifida*はメキシコ原産）

（95）サツマイモは窒素固定菌
と共生していて砂地や痩せた土
地でも良く育つ。そういう意味
でマメ科植物と同じように、土
地を豊かにする作物である

呼び名の「音」でルーツを探す、文化人類学的アプローチ

　三つのイモのうち、特にサツマイモは伝播の
道筋を探るアプローチが興味深い。文字の記録
も考古学的資料も乏しい地域では、文化人類学
のアプローチが栽培植物の伝播ルートを浮かび
上がらせることがある。先にオセアニアの島嶼
地域について、南米の植生とアジアの植生をつ
なぐ「橋」の役割を持つと書いたが、サツマイ
モの伝播を巡る「橋」の解明にも、文化人類学
的なアプローチが試みられている。

　太平洋の東端に浮かぶ二つの島国、日本と
ニュージーランドでもサツマイモは重要作物と
して根付いてきた。ニュージーランドにサツマ
イモが伝播したのは先史時代。日本には17世
紀初めに中国から宮古島を経て琉球に、そして
琉球芋として薩摩藩へと伝わった。中国へのサ
ツマイモの伝播は、スペイン領メキシコを起点
に太平洋経由でハワイ、グアム、フィリピンと
伝播した経路上にあるという。上記経路上の土
地では、メキシコの古いサツマイモの呼称「カ
モテ（camote）」の音が良く保存されているか
らである（カモテ・ルート）。一方、フィリピ
ン以南の東南アジアには、西洋周りでアフリ
カ、インドを越えて伝わった伝播ルートもあ
る。この経路上ではサツマイモを指す語に「バ
タタ」の音が保存されているためバタタ・ルー
トと呼ばれる。なお、アフリカ、インド、東南
アジアなどの伝播先では芋のようなものをなん
でもバタタと呼ぶ名残りが見られる。

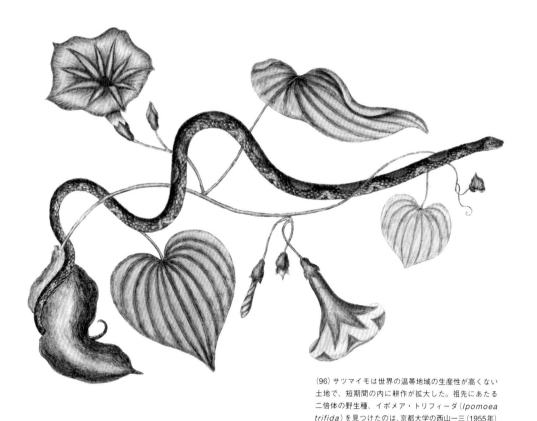

（96）サツマイモは世界の温帯地域の生産性が高くない土地で、短期間の内に耕作が拡大した。祖先にあたる二倍体の野生種、イポメア・トリフィーダ（*Ipomoea trifida*）を見つけたのは、京都大学の西山一三（1955年）

80万年前のサツマイモの一人旅

サツマイモにはカモテ、バタタ・ルートよりさらに遡れるルートがあるのではないかと言われてきた。オセアニアでは西洋人が南米からサツマイモを持ち込む以前から、在来種の栽培が行われていたようである。ニュージーランド北島のマオリ族の言葉で、サツマイモはクマラ（kumara, kumala）と呼ばれる。1960〜70年代に人類学者らが行った環太平洋地域の言語を対象とした調査では、マウリのクマラと同義・同音、あるいは類音の単語が広く東南アジアからオセアニアの島々と、中南米の先住民の間で使われていることがわかった。このことから中南米とアジア・オセアニアを結ぶ海の道をたどった、先史時代の人類の移動に伴う作物伝播のシナリオが想定されるようになった。この伝播経路をクマラ・ルートと呼ぶ。

クマラ・ルートは、どこまで遡れるのか。長年の謎が解けたのは、つい最近である。答えはキャプテン・クックの航海に同乗した植物学者が大英博物館に納めた植物標本のDNAにあった。バタタ・カモテ両経路による「汚染」前の、オセアニア在来種の核DNAと葉緑体DNAを分析した結果は、先史時代にサツマイモが南米ペルー・エクアドルからポリネシアへ移入した説を強力に支持した（2013年）。また2018年にはこの在来種に最も近い種がメキシコの野生種であると突き止められ、サツマイモが原種から分かれた時期が約150万年前で、海を旅した時期は約80万年前とも概算された。

つまりヒトがポリネシアに定住する紀元前2000年前後よりも遥か以前に、サツマイモは海の道を渡ってポリネシアにたどり着いたことになる。サツマイモの最初の海の旅は、ヒトとの船旅ではなく、ひとり旅だった可能性が高い。これらの結果からは、原種から栽培種を選抜したのがヒトではないことも読み取れる。サツマイモはポリネシアにて、ヒトの集団の到着をずっと待っていたことになる。

祈りから解明へ。
飢饉につながる植物の病気

栽培植物の伝播とともに、植物とそれを食べるヒトを脅かす病原菌も
海を渡ったのかもしれない。植物病理学のはじまりを垣間見る。

19世紀に起きたアイルランドのジャガイモ大飢饉をはじめ、人類は過去、幾度となく、重要作物に対する疾病の蔓延が引き起こす、深刻な飢饉に悩まされてきた。イベリア半島からライムギの北方栽培限界であるロシアまでの広い地域では、雨期のライムギ畑で麦角菌（*Claviceps* 属）が発生することがある。麦角菌は毒性アルカロイドを産生するため、菌で汚染された粉で焼いたパンを食べると、麦角中毒と呼ばれる重度の食中毒症状が引き起こされる。発症すると血管の極度の収縮が起き、深刻な四肢の壊死がおきる。中世の記録ではこの症状は「疫病」とされ、教会で聖アントニウスに病気治癒の祈祷が捧げられた。実際に感染症にかかっているのはヒトではなく、ライムギであったが、当時はそれがわからなかった。

病気の原因はモグラやネズミ？

18世紀初頭の書籍の中には、植物の病気の中に微生物の概念が登場しない。1715年にパリで出版された、植物の栽培や手入れの知識を網羅的に説いた書籍には、「樹木の病気と改善法」と題した章がもうけられている。トピックを拾い上げていくと、「潰瘍（腐敗を伴うダメージ）」「コケ」「黄化」「しおれ」「モグラ」「ネズミ」「樹木内の幼虫」「つぼみ落とし（昆虫害）」「緑のアブラムシ」など主に動物や昆虫の害があげられ、最後に「植物の疲れと回復させ

る方法」が来る。このように、微生物の要素は皆無である。病原微生物が関与する場合、黄化もしおれも、組織や器官の壊死（潰瘍）も、原因ではなく結果である。

先のジャガイモ大飢饉が起きた19世紀には、既に顕微鏡が広く普及していたこともあり、原因が病原微生物であることが分かった（ジャガイモ疫病菌）。飢饉を経験して間もない1855に創刊したドイツの総合学術誌に掲載された論文では、ジャガイモ疫病菌の植物への感染経路として葉の表面の気孔の重要性が取り上げられ、ジャガイモ疾病菌の侵食経路と細胞組織内の様子が解明されている。1855年時点で、細胞と細胞の相互作用という概念は植物研究分野では確立していたことが分かる。

動物より早かった細胞の生物学

細胞の生物学は、17世紀のロバート・フックやアントニー・ファン・レーウェンフックによる細胞の存在の指摘にはじまり、1835年にマティアス・ヤーコプ・シュライデンが提唱した「細胞説」がある。植物研究分野では他の生物材料の分野に先駆け、これらが受け入れられ、細胞レベルでの微生物との相互作用が議論されていた。1855年当時は、動物にも細胞説を当てはめる機運が出てきた頃である。18世紀の時点でモグラやネズミの害を議論していた頃と比較し、科学のレベルが飛躍的に進歩したことが分かる。

（97）本文中で紹介した1715年の書籍
の「樹木の病気と改善法」に関するペー
ジ。これ以降のページでは、樹木の病
気について様々な事例が紹介される
が、微生物の概念は登場しない

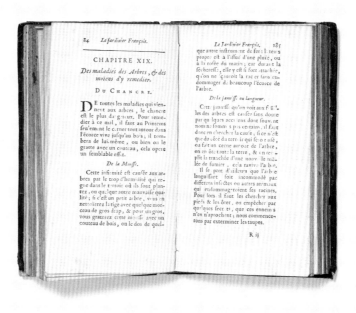

（98）柑橘系果物の病気の原因として
カイガラムシが取り上げられているこ
ちらの絵は、19世紀に描かれたもの

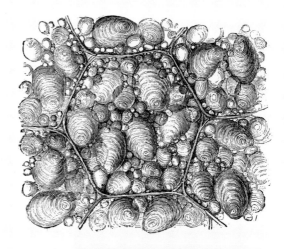

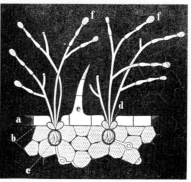

上（99）は19世紀初旬の
ジャガイモのデンプンのスケッチ。下（100）は19世
紀中旬に考えられていた
ジャガイモ疫病菌の植物組
織内での感染経路の模式図

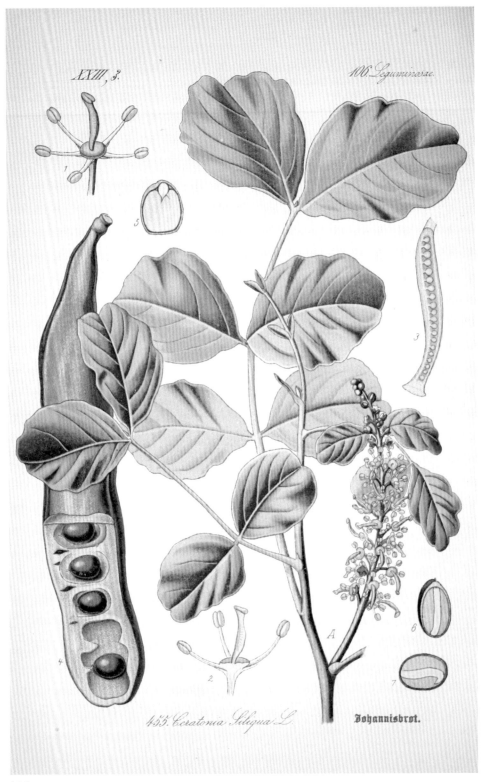

455. *Ceratonia Siliqua L.* Johannisbrot.

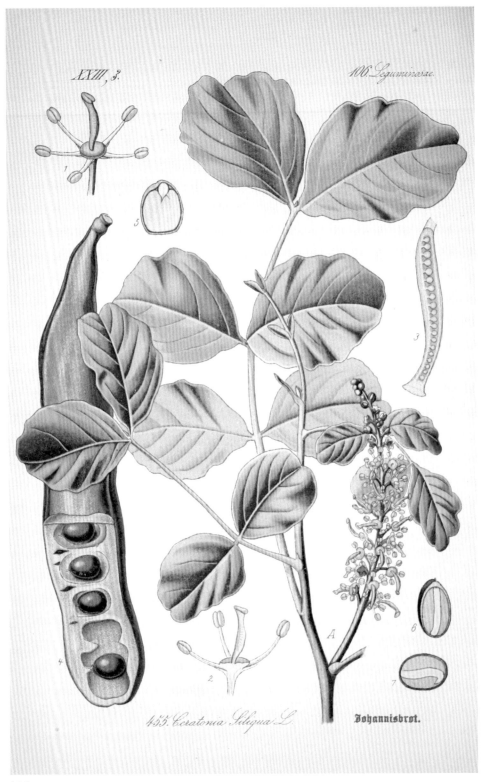 XXIII, 3.   106. Leguminosae.

つるにも樹木にもなる
マメ科植物の利用

マメ類を食用とすることが一般的になったのは、いつのことだろうか。現代の我々の食生活からは想像しにくいが、我々人類の先人たちにとってマメ類を食用化するには大きな障害があった。マメ類は、乾燥地においても湿潤な気候の土地においても数多くの種が自生している。しかし野生種の多くは、有毒成分を含むため食用に適していない。このような食材を可食化するには、毒抜き工程を開発する必要がある。

また可食化には毒抜きとは別に、種子の堅さの問題もあった。マメ類の種子は全般的に頑丈で堅く、直火や灰の中で焼いただけでは咀嚼できる柔らかさにならない。そのため長時間にわたって煮る必要がある。この観点からマメ類の可食化には、「鍋」に相当する耐熱性の調理器具が必要になる。したがって人類がマメ類を可食化することができたのは、土器の発明以降と考えるのが自然であろう。

ゆっくりだったマメ科植物の伝播

柔らかいマメを食べることができても消化できるとは限らない。マメ類には、タンパク質の消化を阻害する成分など、「邪魔な成分」が多く含まれるという特徴がある。加熱調理後も高度な加工工程を経て食用とする必要のあるものが多い。加工には、微生物の利用も含まれる。ある地域で

マメ科の可食化に成功し、有用な種を選抜して栽培化がなされたとしても、他の地域に伝播するには、伝播先の地域での技術水準や必要性の程度によって栽培文化が定着しなかった場合もあるだろう。そのような要因により、マメ類の伝播は他の作物ほどには進まなかったようだ。

農耕文化の起源を研究した中尾佐助は、東南アジアを中心とした熱帯の根栽農耕文化では、作物としてのマメ類の受容を拒否してきたように思えるとの見解を示している。ただし、マメ科植物でも豆の部分ではなく根を利用するものなどは栽培されてきた。これは、熱帯根栽農耕文化においては、年間を通じてバナナやイモ類などの食料が手に入るため、貯蔵性に優れるが可食化に手間のかかるイネ科種子の穀物を必要としなかったのと同じ理由で、可食化に際し、より高度の技術的要求のあるマメ類を受容する理由がなかったのだと考えられる。特に大航海時代以前の異なる文化間の交流が緩やかだった時期においては、その傾向が強かったと思われる。ここからは豆類を食べるための人類の工夫とそのバリエーション、文化的な背景に加えて、マメ科植物の種類の多様さに関する植物学的な議論などを紹介する。マメ科植物はヒトが植物を理解するうえで、多くの示唆をもたらした植物群の一つでもある。

食卓も土地も
豊かにしたマメの働き

DATA

インゲンマメ *Phaselus vulgaris*（マメ科・インゲンマメ属）
原産地：南北アメリカ大陸／主な分布：世界中で栽培されている
ヒヨコマメ *Cicer arietinum*（マメ科・ヒヨコマメ属）
主な分布：中東、北アフリカ、インド
レンズマメ *Lens culinaris*（マメ科・ヒラマメ属）
主な分布：肥沃な三日月地帯で栽培化され、欧州に広まった

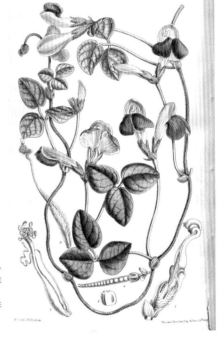

（102）インゲンマメは、古代から南北アメリカ大陸で栽培化され主要作物となっていたとされる。16世紀にはギリシャなどで食生活に取り入れられるようになり、のちに欧州全土に普及した

世界で栽培されてきたマメ類の起源

　マメ科植物は被子植物のなかでも非常に大きなグループで、地球上でもっとも繁栄している植物群のひとつである。現在、食用とされているものだけでも70〜80種類ある。栽培化されたマメ科植物の起源は、サバンナ農耕文化の遺伝資源中心であるアフリカ、また西アジアおよび中東地域がある（かつては北インド地域が有力視されていた）。アフリカ起源のマメ科作物、ササゲやシカクマメなどはすべて夏作物であるのに対し、西アジア・中東が起源とされるマメ類、レンズマメ、ヒヨコマメなどはすべて冬作物である。

　一方でダイズは、照葉樹林農耕文化圏である中国・朝鮮半島・日本のどこかで、あるいはそ

れぞれ独立に、開発された作物と考えられている。上記の地域に自生するツルマメを原種として、栽培種が選抜された可能性が高い。また、新大陸でもマメ類は古くから栽培されてきたことがわかっており、大航海時代以降、一部の種はヨーロッパに持ち込まれた。菜豆類（インゲンマメ）もその一つで、フランスではこのマメの調理法が数多く開発されたことから、インゲンマメは英名でフレンチ・ビーンとも呼ばれる。16世紀にはヨーロッパ経由で中国（明朝）にも伝播し、17世紀には日本に持ち込まれた。このようにマメ科の栽培種の起源と伝播は、一元的ではなく、多元発生的であり、その後の伝播の様相も多様である。

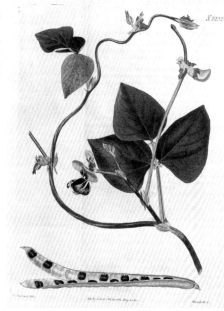

(103) インゲンマメの名前のゆかり
とも言われる禅僧・隠元隆琦が日本
にもたらした豆は、フジマメであっ
たとの説もある。図は、*Dolichos
sinensis* の学名で記載のあるフジマ
メ。1821年のロンドンの植物学雑誌
より。現在の学名はラブラブ・プルプ
レウス（*Lablab purpureus*）

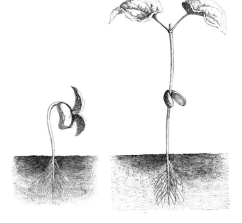

(104) 双子葉植物の発芽には2タイプあ
り、マメ科には二つが混在する。インゲ
ンマメやダイズは発芽に際して子葉（双
葉）を地上に出すが、多くのマメ科植物
は、子葉を地中に残す。最初の光合成が
子葉か本葉かの違いとなる

マメ類の可食化で花開いた食文化

　早い時期に多くのマメ類が伝わった北インド
地域をカバーするインド文化圏の人々は、日常
的に多くの種類の豆を主食として食べる。世界
的に見て、この文化圏の人たちほど豆を大量に
消費する人々はいないのではないだろうか。
豆を砕いたもの、またそれを煮込んだダールな
どのレシピも発達している。宗教上、動物性タ
ンパク質を摂らない人々も多い地域でもあるた
め、マメ類は重要なタンパク源ともなってき
た。インドで広く食べられるマメ類にはレンズ
マメやヒヨコマメに代表されるように比較的食
べやすいものが多く、これらはギリシャ、ロー
マの時代から地中海地域に普及していた。

　陸路で、もしくは新大陸からと、複数の動線
でマメ類が入ってきた欧州では、各地域で独特
の豆料理が生まれた。たとえばイタリアのトス
カーナ地方では、シロインゲンマメのスープ。
スペインではレバンテ地方を中心に、ヒヨコマ
メを時間をかけて煮込む料理が定番となった。
南米、中南米のほうでは原産でもあるインゲン
マメを食する文化が今も多く見られる。

　一方、東アジアではマメ類の利用に占めるダ
イズの比重が大きかったため、可食化に際して
高度な加工が必要とされた。味噌や醤油、納豆
といった微生物を利用した加工品の開発は東ア
ジアの食文化を大きく方向づけたといえよう。
歴史時代以降に中国大陸で生まれた豆腐は、本
や台湾でも独自の発展を遂げている。

Cultivé dans les champs. -- Fleurit de juin en septembre.

Luzerne cultivée.
Medicago sativa.
— LÉGUMINEUSES. —

（105）牧草地を豊かにするアルファルファ（和名、ムラサキウマゴヤシ）。
牧草に使われるほか、最近ではヒトもスプラウトとしてサラダなどで食す

3章 農耕と文明

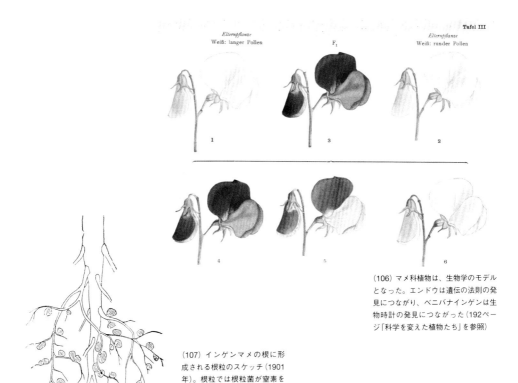

Tafel III

Elternpflanze
Weiß: langer Pollen

F₁

Elternpflanze
Weiß: runder Pollen

（106）マメ科植物は、生物学のモデルとなった。エンドウは遺伝の法則の発見につながり、ベニバナインゲンは生物時計の発見につながった（192ページ「科学を変えた植物たち」を参照）

（107）インゲンマメの根に形成される根粒のスケッチ（1901年）。根粒では根粒菌が窒素を固定するため、植物も良好に成長し、土地も豊かになる

痩せた土地を豊かにする、持続可能性を持ったマメ

多くの古代文明が滅びた要因に「持続可能ではない農業」が挙げられる事例も多い。それと比較し、中国の歴代王朝で栽培されてきたダイズの特性は持続可能性にあるとされる。ダイズに限らずマメ科植物の多くは、荒れ地で肥料を与えなくても元気に育ってくれる。たとえば牧草地にアルファルファ（*Medicago sativa*）のようなマメ科植物を植えると、草も茂り、土地も豊かになる。これはマメ科植物の多くが空気中の窒素を肥料に変える微生物（根粒菌）と共生しているからである。

多くのマメ科植物は根に根粒菌の居場所であるコブ（根粒）をいくつも準備し、根粒菌に窒素肥料をつくらせることで、自らも成長して大きくなり、土地も豊かにする。植物には心臓がないし、血管もない。そのため厚みのある組織を作ると中の方まで酸素を送る届けることが難しくなる。地上部なら光合成で酸素をつくれば良いのかもしれない。しかし地下となると組織の中心部で呼吸の量を減らすか、中心まで酸素が届くような工夫が必要となる。マメ科植物の場合はコブの中心部に大切な「客」、根粒菌を住まわせている以上、「大家」である植物が酸素を運ぶしかない。そこで多くのマメ科植物は動物の血液のように赤い色をしている植物のヘモグロビン（レグヘモグロビン）を使って酸素を運ぶ工夫をしている。根粒菌と共生を始めた場合にのみ植物自身がヘモグロビンを作り始め、根粒の中にヘモグロビンを埋め込んで中心部と表面との間での酸素の移動を助ける。ただし血流に乗ってヘモグロビンが酸素を運ぶわけにはいかないので、動物と比べて効率は落ちる。しかし酸素濃度を高すぎず、低すぎず、最適に保つことには成功している。こうしてマメ科植物は持続可能性を持った植物として、地球上での繁栄を手に入れた。

中華大国を
支え続けたダイズ

DATA

ダイズ *Glycine max*（マメ科・ダイズ属）
原産地：東アジア／主な分布：伝統的に東アジアで栽培され
てきたが、20世紀以降世界規模で栽培

（108）タスマニアの野生ダイズ
（*Glycine latrobeana*）。栽
培種のダイズは東アジアに分布
するのに対し、ほとんどのダイ
ズ属の仲間はオセアニアから見
つかっている

中華文明の勃興期に現れたダイズ

　コムギと並び歴代中華王朝の食を支えた植物
はダイズだろう。コムギが地域外からもたらさ
れたのと対照的に、ダイズは東アジアで栽培化
された可能性が高い。中国大陸での文明の勃興
と機を同じくしてヒトに見出され、人々の食を
支えてきたことになる。

　中国大陸では中原に文明が興って以来、多く
の民族が争い、異なる民族によって王朝が交代
する易姓革命が繰り返されてきた。新たな支配
者が立つと、民族的にはつながりもない中原の
言語と食文化を引き継ぎ、次の王朝へとつない
だ。新しい支配者の文化的背景は中原の文化で
薄まり、最後には支配者たちも中原の文化に同
化していった。ダイズを食べなかったモンゴル

の騎馬民族が支配者となった時期を挟んでも、
ダイズを作り食べる伝統が残り続けたのは、そ
の一例である。その意味で漢字や食文化を含め
て中原に生まれた中華文明の遺産は、感化力の
強いミームでできていると言える。

　遺伝学的な研究により、ダイズの原種はアジ
アに自生するツルマメと呼ばれる「つる性」の
植物であることがわかっている。支柱なしで直
立する草丈の低いダイズとは姿形が異なるが、
これらは交配可能であり、二つの植物が分化し
て数千年を経た現在でも近縁関係にある。マメ
科の植物の姿形は非常に多様だが、この短い草
丈という特徴がダイズの栽培化において有利に
働いたと考えられている。

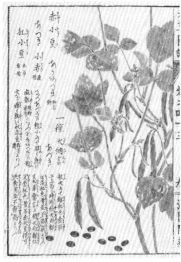

（109）ダイズと並んで古くから日本で栽培されてきたマメ類には、アズキ（右）やササゲ（左）がある。アズキは日本原産の可能性もあるがササゲは平安時代には「大角豆」として知られていたもののアフリカ原産とされる

（110）ケンペルが『廻国奇観（Amoenitates Extorarum）』の中で世界に向けて紹介したダイズ。もしかしたらこれが漢字の「大豆」が、西洋世界に向けて初めて登場したページかもしれない

世界に紹介されたDAIDSUという植物

　日本では古来より主要穀物（五穀）のうちに「豆」（日本書紀）や、「大豆」「小豆」（古事記）を数える。8世紀末の平城京井戸遺構の下層からはダイズとエンドウの炭化種子が出土しており、当時の朝廷でもマメ類が利用されていたことがわかる。この遺構からは、アズキとヤブツルアズキの種子も見つかっており、五穀のうちの「豆」として複数の植物種が利用されてきたようだ。

　従来、ダイズは中国大陸から日本にもたらされたと考えられてきたが、2015年になり約4,800〜4,500年前のダイズの炭化種子から、現在のダイズとほぼ同サイズに肥大化し、栽培化された可能性を強く示唆する分析事例が報告

され、アジアに先駆けて日本列島でダイズの栽培化が行われていた可能性も見えてきた。なお同遺跡からは6,000年以上前のアズキの炭化種子に混ざって、オニグルミやクリなど堅果類の炭化種子も出土していることから、縄文中期には堅果類の採集とマメ類の栽培が並行して行われていた可能性も考えられる。ちなみに出島のオランダ商館に滞在したドイツ人博物学者のエンゲルベルト・ケンペルは、『廻国奇観』（1712年）の中で日本の植物として、ダイズを「Daidsu」のスペルで紹介している。その後、幕末から明治にかけてダイズは醤油とセットで日本から世界に紹介された。

「ひしお」から味噌へ、ダイズ加工の発展

　少なくとも紀元前1世紀頃までには、中国大陸では動植物性の食品の保蔵に食塩を使った醤（ひしお）が一般的になっていた。醤のうち、ダイズなどの穀物の保蔵に塩を利用した穀醤（こくびしお）が日本に伝わったのは、6世紀頃と考えられている。701年の大宝律令には、醤をつくる政府の組織・機関として「醤院」の設置が記載されている。中国大陸由来の醤が日本化するにあたり、従来の醤とはことなる「末醤」（みしょう）という文字が現れるのも大宝律令である。この「末醤」は味噌の前身

であり、その音はそのまま味噌の語源となったと思われる。この「末醤」から滲出する液体が「たまり醤油」となり、醤油の利用が一般化した。

　消化されにくいダイズのタンパク質を微生物（麹）の働きでアミノ酸に分解して旨み成分を多く含む味噌や醤油をつくる方法は、当初は、主として保蔵を目的したもので、積極的に微生物を利用するものではなかったが、日本で味噌・醤油が開発される過程で麹によるタンパク質分解、さらには、乳酸菌や酵母を利用した風味の

（112）江戸の食材に占めるダイズの位置。味噌屋、豆腐屋はもちろんダイズを使うが、うなぎ屋、そば屋もダイズでできた醤油なしには立ち行かない

（111）醤油の製法は室町中期までに普及した。ダイズおよび砕いたコムギに麹菌を添加して麹を作り寝かせ、もろみを作る。これに重圧をかけて生醤油を絞り出す様子が描かれている

バリエーションが工夫されるようになった。より積極的に微生物を利用する方法としては、納豆菌を利用し加熱後のダイズ種子を発酵させる方法などが開発されている。東南アジアでもマメ類の発酵食品は知られている。インドネシアのテンペは、納豆のようにダイズを発酵した食品であるが、クモノスカビ（テンペ菌）を利用している。

　その他、日本で開発されたダイズの可食化工程として、きな粉と枝豆にも触れておきたい。

きな粉はダイズの堅さを回避する方法として、加熱後に製粉する方法をとったもので、栄養価が高く香ばしい風味のパウダーが得られる。枝豆も成熟前の緑色の種子を鞘ごと収穫することで、成熟後のダイズの堅さを回避したと考えられる。未熟な種子は、柔らかく、軽く煮るだけでも食べることができ、近年は、海外でもEDAMAMEとして、緑のダイズが好まれるようになっている。

世界に根を伸ばす
多様なマメ科植物の謎

DATA

モダマ（タイワンフジ）　*Entada phaseoloides*（マメ科
エンタダ属）
原産地：屋久島以南の西南諸島から東南アジアにかけて／
主な分布：屋久島以南の西南諸島から東南アジアにかけて
クズ　*Pueraria montana* var. *lobata*（マメ科クズ属）
原産地：日本、中国／主な分布：日本、中国、フィリピン、
インドネシア、ニューギニア
その他の登場植物：ブラッド・ウッド：*Pterocarpus*
officinalis Jacq.（キジカクシ科・ドラセナ属）、レンゲソウ：
Astragalus sinicus L.（マメ科・ゲンゲ属）、ラッカセイ：
Arachis hypogaea L.（マメ科・ラッカセイ属）

（113）クズは、フィラデルフィア万
博（1876）に飼料作物と庭園植物と
して日本が出展し、米国に導入され
た。しかし現在は、あまりにも強い
繁殖力のせいで侵略的外来種として
駆除の対象となっている

ジャックと豆の木のマメはどれ？

　「ジャックと豆の木」というイギリスの童話が
ある。絵本では天まで伸びる巨大な豆の木が、
緑色の「つる」として描かれることが多い。お
そらくエンドウのようなつる性の草をイメージ
し、描かれているのだろう。しかしつる性のマ
メ科の植物が大木にまで育つとして、自立して
大木の形となるのは不自然だろう。また大木化
したとすればその過程で、茎は樹木らしい樹皮
に覆われた太い幹に成長しているはずだ。
　フジのようにつるのままでも樹木になるマメ
科植物もある。最大のつる性の樹木は、世界最
大の「豆」を実らせる熱帯の植物モダマだろう。
ビリヤードの球ほどもある巨大な豆が詰まった
鞘は、最大で1.5メートルほどになる。どちら

にせよつる性の植物は、何らかの支えになる
構造がないと上へと伸びることはできない。
一方、マメ科植物には周囲の支え無しに自立で
きる樹木性の種も多く、中には巨木となる種も
いる。中南米の熱帯雨林に生育するブラッド・
ウッドやドラゴンズ・ブラッドの名で知られる
巨木は、伐採すると真っ赤な血のような樹液が
にじみ出る。大きなものでは高さ30メートル、
根元の直径が数メートルを超えるものもある。
ジャックの豆の木は、どの種だったのだろう
か。植物の世界を見渡して、マメ科植物ほど多
様な植物のグループはいない。なぜマメ科植物
は、ここまで多様化したのだろう。これは植物
学上の大きな謎の一つとされている。

（115）鬼の宝を少年が盗む冒険譚は、5000年前から原型があるが、マメの巨木が登場する話は18世紀英国で初出。英国人が熱帯で見たマメ科の巨木の知識は反映されているだろうか

（114）ヒトの背丈ほどの長さがあるモダマの豆

豆を利用しないマメ科植物

　樹木となるマメ科植物がある一方で、レンゲソウのように野原で小さな花やマメを作る可憐な草たちもマメ科植物のメンバーである。またマメ科植物は養分をマメに蓄えるものという先入観を覆すような、根にデンプンをため込むものもいるし、ラッカセイのように地面の中に豆を作るものもいる。

　クズはマメ科の植物であるが、食用となるのは豆の部分ではなく根である。根にはデンプンが蓄えられており、掘り出して収穫する様はマメ科の作物と言うより根菜類に近い。クズの根のデンプンが葛餅の材料になり、また葛湯や漢方薬の葛根湯の材料にもなる。奈良時代の歌人、山上憶良によって『万葉集』に秋の七草の一つとして歌われているが、秋の七草は葛を含めてどれも薬用となる。

　クズはもともと温帯性であるが、根にデンプンを蓄えるという性質が好まれたのか、温帯から熱帯の根栽農耕文化圏に伝播した数少ない植物の一つである。クズが伝播した事例があるのはメラネシアの島々で、多くの島々に伝播していることから人為的に株分けが行われた栽培の実態を示唆している（中尾佐助による）。この地域では高温のためクズは花に実をつけることができない。ただしこれらの地域では、現在は食用にされていない。一方、台湾とフィリピンの間にある島嶼域では、クズの栽培とデンプンの利用が続けられている地域があるという。

FLORE D'AMÉRIQUE
Collection de Fleurs et Fruits des plus remarquables
(De quatre naturelle)

152

LE PISTACHIER ARACHIDE
Et le Bouton d'or

(116) ラッカセイは、夏に花を咲かせるが、自家受粉により実をつける。その際、子房の根元（子房柄）が下方に伸びて地下に潜りこみ、子房の先が膨らんで地中で種子を実らせる

われわれ哺乳類とマメ科植物は同期生

　我々ヒトを含む哺乳類や小鳥たちと、マメ科植物は、進化におけるクラスメイトといえるかもしれない。地質学上の大きな時代区分で地球の歴史を振り返ってみると、恐竜たちが闊歩していた中生代と、哺乳類や鳥たちが繁栄する新生代とでは、生態系を構成する主要メンバーが大きく入れ替わっていることに気がつくだろう。主役交代劇が起きたのが白亜紀の終わりと古第三紀が始まる前のちょうど境目にあたり、この時、恐竜をはじめとする多くの動物の種が退場し、有胎盤哺乳類（placentalia）と新しい鳥の仲間たち（Neoaves）が入場した。これが、K-Pg境界の名称で知られる、約6,550万年前の大量絶滅である。実はその頃、植物の世界でも大変化が起きている。植物の世界では、動物の場合ほど大きな規模での絶滅はなかったものの、やはりメンバーの刷新は起きたようだ。ここで初めて地球上に姿を現したのがマメ科植物で、空席となった生態系の中の他の植物の役割を埋めていくかのように、自ら大きく形を変えながら世界中に広がり、様々な気候に適応する種を生み出していった。

　マメ科植物の染色体を分析すると、遺伝子の全セットであるゲノムが2倍や3倍になる「倍数化」がこのK-Pg境界の直後に複数回起きていることが分かる。つまり、マメ科の多様化は、倍数化がきっかけとなって種の多様化につながったと考える研究者もいる。

植物の栄養学

トウモロコシから考える
穀物と栄養のバランス

主要穀物の発見は
ヒトを健康に導いたのだろうか。
トウモロコシを起点に、
現代の私たちの栄養について考える。

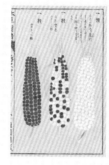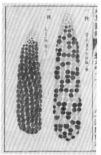

(117)

本章で大きく取り上げた、小麦、大麦、米など、世界で流通する主要穀物はイネ科植物の種子である。そして北米大陸を代表する穀物であるトウモロコシもまた、イネ科に属している。これらの穀物は炭水化物の供給源であるが、一定量のタンパク質も含んでいる。狩猟採集社会は、食材の供給が季節によって不安定であるという問題があったが、穀物が登場し、年間を通じてカロリー源を確保する問題から人類は解放された。しかし単調な食事で困難な季節を乗り切る際には、栄養の質の確保も死活問題となる場合がある。

現在ではトウモロコシは世界中で栽培される世界の主要穀物だが、大航海時代以前は米大陸のローカルな食材だったと言って良い。トルティーヤや粥などに加工され、米大陸、主に熱帯アメリカの主食として食べられていたようだ。しかしトウモロコシは長期間、それのみに依存するには問題の多い穀物でもある。トウモロコシには必須アミノ酸の内のリジンが不足している。これを経験的に知って、他の穀物を併用してリジンの穴を埋めるか、現代の中南米の食事のようにトルティーヤにまめや肉を挟むなど副菜で補わない場合、深刻な健康上の問題が生じるだろう。

程度の差こそあれ、穀物のみに依存する食生活は、タンパク質の絶対量がどうしても不足してしまう。それを解消するために

味噌など高タンパク性で貯蔵できる食材を利用するか、酵母で発酵させたパンやビールを高タンパクな酵母の菌体ごと体に取り込むというのが、人類の経験的な知恵といえる。トウモロコシにもまた古来より、チチャなどのトウモロコシを発酵させて作る酒が生み出されている。

トウモロコシだけでなく、特定の植物だけを重点的に食べる食文化を持つようになると、栄養学上の弊害が生じる場合がある。たとえば高度に精白した食材だけを食べる場合である。明治時代に大きく問題となった脚気が、偏った白米食によるビタミン不足によるものであったことは知られている。これは食事に麦飯を導入したことで改善に到っている。精白された、胚芽の入っていないパンでも同じ問題は起こりうる。

今では年間を通じて安定的に多様な食材を入手できる。その一方で、生産性の高い栽培植物を選抜し、食品の加工を高度化し、流通を画一化させたことで、我々が口にする植物の種類はかなり限られたものになる傾向がある。日常、どのくらい多様化あるいは単調化した食生活をしているのか、見つめ直すことも必要だろう。

第4章

―――――

勃興する文明の
植物への視点

〈古代・中世／大航海時代以前〉

食の供給がある程度安定し始めると、
人々はただ生きるためから、より良く
生きるために植物の利用をさらに積
極的に行うようになっていく。また抽
象的な概念を人々が分かち合うように
なったなかで存在感が高まった植物も
あった。本章では古代文明と、最初
期の栽培植物たちとの関わりを追う。

「世界」という概念の芽生え
植物はどのように捉えられたか

ヤナギが薬用植物として数千年前から利用されてきた事実と、現在も最も身近な薬剤であるアスピリンの開発の経緯をつなぐ古代から現代までのエピソードは、植物の有用性を再認識させてくれると同時に、古代の人々の知恵を想像させてくれる。本章の前半では、そのように古代文明の人々が植物の中から薬用成分や果実としての用途といった、有用な要素を見出して栽培化していく最初期の様子を描いた。

最初期に栽培された
美味しく有用な樹木の実

ここで取り上げる植物は先に述べたヤナギの他に、柑橘類、果実としてのバラ科植物などである。現代の我々にとって身近な果物を思い浮かべるとしたら、ナシ、リンゴ、サクランボ、モモ、イチゴなどが上位に入るだろう。これらの果物はすべてバラ科の果実である。バラももちろん実をつける。バラの実、ローズヒップは果物の中で最もビタミンC含有量が高い部類に入り、近年、食用やサプリメント原料として栽培規模が拡大している。またミカン、グレープフルーツ、レモンなどの柑橘類も馴染み深い果実だろう。人類はこのように限られたグループの植物から多様な有用植物を生み出してきた。特に柑橘原種のシトロンやリンゴの栽培の歴史は古い。文字の記録が

ない場合でも考古学的な物証が栽培の歴史の長さを伝えてくれる。

本章前半で扱われている植物はいずれも数千年前から栽培化されてきた樹木性の植物である。他にも古代の文明とのかかわりが大きい実のなる樹木には、イチジクやオリーブも挙げられる。また、トルコのミダス王墳墓とされる紀元前8世紀の墳墓の建材や8世紀に建造されたイスラエルのアルアサク・モスクの建材として利用されたレバノンスギについても、またいつか紹介する機会を持ちたい。

「世界の成り立ち」に見る
植物との距離感

本章後半では、古代文明の人々が特定の植物に対して抱いたイメージや、植物に込められた象徴的な意味を取り上げた。植物別にテーマを追うことで、古代文明と植物との関わりが明らかになるが、その前に文明が異なれば植物の捉え方も大きく異なるという事実を確認しておきたい。植物という概念の抽象度の大小、どれほど身近に植物を感じているかという具体性の大小も、文明が成立した土地の気候の違いが大きく影響するだろう。その点から、古代文明で考えられていた「世界の成り立ち」の中に、植物がどのように位置づけられているかに注目してみよう。

四大元素の西洋と、
五行の東洋

　古代ギリシャでは哲学家たちが様々な視点を導入し、世界の成り立ちについての議論を重ねていた。特に紀元前6世紀に活躍したアナクシマンドロスやターレスにはじまり、紀元前5〜4世紀にかけて活躍したエンペドクレス、プラトン、アリストテレスによって語られてきた世界を構成する基本元素が、火・風・水・土の四つであったことに注目する。世の中は一見複雑に見えても、根本的な因子の組み合わせによってできている。この考えは化学における元素の発見につながる人類の記念すべき第一歩である。一方、東洋では、紀元前7〜2世紀に相当する春秋戦国時代までに、木・火・土・金・水からなる五行の考えが確立していた。これはのちに暦や天文学、農業、土木、医学など、あらゆる分野に当てはめられていくことになる。

　ほぼ同時期に語られたギリシャの4大元素と比べ、五行では植物を指す「木」が取り入れられていることもあり、古代中国の文明のほうが「植物」を重視していたように思える。もしかしたら照葉樹林文化圏にあった中国の古代文明の人々に圧倒的なバイオマスで迫ってくる樹木の存在感と、乾燥した地中海気候でギリシャの人々を取り巻く比較的少ないバイオマスの違いが反映されているのかもしれない。あるいはギリシャでは日常生活で実態としての植物は見えていても、抽象化のフィルターを通じて世界を語る際には植物が見えなくなっていたともいえる。植物自体も4大元素でつくられるものとすれば、それも理解できる。なお古代ギリシャには実態としての植物を観察した先駆的科学者が生まれている。アリストテレスの学問を引き継ぎ、植物の科学を創始したとも言うべきテオプラストスについても本章の中で紹介する。

　一方、古代中国の思想体系では抽象化した世界においても、中心的事象の一角を植物の要素が占めている。これは具体的な個々の植物ではなく、植物に通じる性質を帯びた基本的な因子としての「木」の概念と言えよう。古代中国で見出された五行の概念は、第2章において照葉樹林帯でのモデルとして取り上げた、人類が最初に利用できた資源である「森（木）」と、生態系に働きかけるうえで手に入れた象徴的なツールである「火・石・土・水」の概念に通じるものがあるように思える。文明の勃興期に石器が青銅器・鉄器に置き換えられた結果、人々の記憶の中でも「石」と「金」が置換され「木・火・土・金・水」の五行となったのかもしれない。

Fruits en baies.

Maubert pinx.   Debray sculp

(118)

初期の薬用植物と
果樹の栽培

　古代文明を代表する人物で、最も緻密に植物を観察し記録を残したのはアリストテレスの直接の弟子であり、師匠の死後、学問上の後継者となったテオプラストスだろう。アリストテレスからリュケイオン（学園）を引き継いだテオプラストスは、学園の庭に様々な植物を植えることを奨励し、異国出身の学生たちが各々の出身地から持ち寄った植物が植えられていたという。彼は植物について227冊もの著作をまとめ、現在も知られる著書に『植物誌（植物の研究）』（全9巻）と『植物原因論（植物の起源）』（全6巻）がある。「植物学の始祖」と称されるとおり、彼の研究がヨーロッパの植物学や農林学の出発点となったと言っても良いだろう。

　テオプラストスが著書の中で記載した生薬は、480種類にも上る。たとえばオレンジの花から抽出した精油やレモン果実など、地中海の気候に適した柑橘類が含まれることから、古代ギリシャにおいて、すでに柑橘類が広く利用されていたことがうかがえる。果樹といえばコーカサス地方を原産とするリンゴがヨーロッパに持ち込まれたのは、アレクサンドロス大王によるペルシャ遠征であると考えられている。このとき遠征に同行し、いくつもの野生のリンゴを持ち帰り、苗木を接ぎ木で増やし、栽培法を研究したのも、やはりテオプラストスである。地中海海域を代表する酒類としてのワインの普及においてもテオプラストスの功績が大きいだろう。著書の中に、ブドウの栽培法、特に挿し木による育苗や枝分け、刈り込み方、夏・冬の剪定法などが詳細に記述されている。

現代まで残るテオプラストスの遺産

　テオプラストスは体系的に植物を分類し、今日の分類法の基礎と呼べるものも築いた。彼が植物の分類に用いたギリシャ語での属名には、そのままラテン語になり、リンネ以来の二名法で記載する植物名にも残るものがある。シロヤナギの学名Salix albaもその一つである。この時代、既にヤナギなどの薬用として利用する植物の研究も、食物としての植物と並び力が入れられていた。また古代のギリシャ、バビロニア、エジプトでは、ナツメヤシの雄花を集めて雌花に振りかける処理、つまり人工受粉によって果実を得るノウハウを持っていたが、これを最初に文字にしたのもテオプラストスである。ナツメヤシと文明の関係もこの章の主要なテーマの一つである。

　これらテオプラストスが残した資料の一部を垣間見るだけでも、古代文明においても特定の植物に関する知識が蓄積されていたことがわかる。ここからは古代の文明が特徴ある植物をどのように受容し、利用してきたのかを見ていく。

神につながる飲み物を
もたらしたブドウ

DATA

ヨーロッパブドウ（ユーラシアブドウ） *Vitis vinifera*（ブドウ属）
原産地：コーカサス地方およびカスピ海沿岸／主な分布：近代までに
ドイツ以南のヨーロッパで広く普及。現在は、新大陸でも生産が増大

(119) ブドウは病害予防のために
本格的に薬剤（ボルドー銅剤）が
利用された最初期の作物である。
フランスのブドウの産地にあるボ
ルドー大学・植物学教授ピエール・
ミラルデが開発

神々の庭になるブドウと考古学的考察

　ヨーロッパブドウあるいは、ユーラシアブド
ウの原産地は、ヨーロッパ西部からカスピ海を
抜けて肥沃な三日月地帯、さらにはペルシャ沿
岸までの地域とされている。考古学的な資料か
らは、いわゆる近東が有力な原産地で、紀元前
7000年〜4000年に栽培化されたと推定されて
いる。古くからのそれらの土地でのブドウの栽
培を裏付けるかのように、古代メソポタミアの
文学書、ギルガメッシュ叙事詩の第9の粘土板
にもブドウが登場している。主人公ギルガメッ
シュ王が不死を求める旅の途上で訪れた、サソ
リ人間が守る神々の庭のエピソードに宝石のな
る木々とともに、垂れ下がる実をつけて繁るブ
ドウの木の描写が出てくる。これがブドウが登

場する、世界で最初の文学だと思われる。同叙
事詩の影響を受けていたと思われるギリシャの
ホメロスの叙事詩にも、同じく楽園におけるブ
ドウの描写が登場する。これらのことから紀元
前からチグリス・ユーフラテスの地やギリシャ
では、ブドウの栽培が行われていたと推察でき
る。
　古代エジプトでは大衆（労働者）の酒がビー
ルとするなら、神につながる人々の酒がブドウ
からつくられた酒、ワインだった。エジプトの
知恵はギリシャ、ローマに引き継がれ、ローマ
時代にはローマ帝領が西ヨーロッパへと拡大す
るに伴い、地中海の知恵の結晶であるブドウ栽
培も広い地域に伝わっていった。

（120）古代ギリシャの遺跡か
らはワインを貯蔵する壺が多
く出土している。こちらは出
土したアンフォラボトルの複
製品。ブドウの木の下でワイ
ンを嗜む人物が描かれている

（122）古代ギリシャにおける豊穣と葡萄
酒の神、ディオニュソス。ディオニュソ
スは善悪両面の性格を併せ持っていたこ
とから、命の水とも珍重されながらも飲
み過ぎがもたらす危険な面も持つワイン
と重ね合わされたとも言われている

（121）オオムギの栽培と同じく、
古代エジプトの壁画にはブドウの
収穫や醸造作業、ワインを飲んで
いると思われる様子などが多く描
かれている。作業している人々が
飲むのはおそらくワインではなく
ビールだったのだろう

技術発展を促したワインの魅力

　古代エジプト、古代ギリシャ、古代ローマを
通じ、ワインの栽培技術、ワインを貯蔵・輸送
するための壺の生産技術、そしてワインの醸造
技術が次第に発展し、西暦200年から400年に
かけて、その技術の集積はピークに達した。し
かしその後の1,200〜1,400年間は、これといっ
た進歩の見られない停滞の時代が続く。この
間、技術の継承を担ったのは、修道院における
宗教的な活動としてのワイン造りのみである。
キリスト教において葡萄酒が特別な意味を持つ
ことからも明らかなように、聖書にはブドウと
ワインに関する記述が多く登場する。

　ワインの生産技術が再び発展をはじめ、その
技術の進歩が加速し始めるのは18世紀まで待

たねばならない。ワイン史研究家であるH.W.ア
レンは、ヨーロッパを取り巻く貿易事情の変化
と、ビンテージワインの登場を、理由に挙げて
いるが、筆者は産業革命と同時に目を覚ました
科学者達の存在が大きいと考えている。18世
紀から19世紀にかけてのヨーロッパは、啓蒙
の時代とも呼ばれ、ルネッサンス後期に次ぐ、
科学革命の時代に入る。この時代の後半には微
生物学と医学と化学を分野横断的に前進させた
ルイ・パスツールも登場する。19世紀にはパ
スツールによって、赤ワインの色や風味の熟成
において、酸素とポリフェノール類との反応の
重要性も明らかにされた。

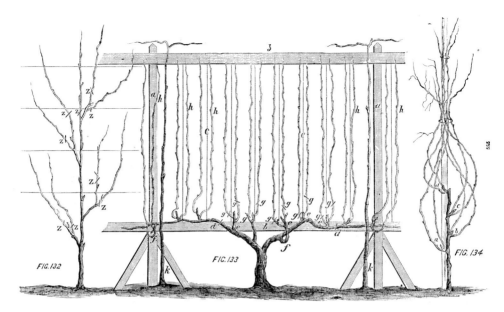

FIG.132　FIG.133　FIG.134

(123) ブドウの植え付け1〜4年間に行うべきブドウのつるの誘引やせん定法、ぶどう棚の配置の模式図。19世紀米国の農業書のぶどう棚の解説から

ブドウ棚に見る光合成発見の気配

　古代から多くの情熱が注がれてきたブドウの栽培に関する知識の集積は、そのまま植物生理学の発展にもつながったと言っても良い。たとえばフェニキア人は紀元前1200年から900年にかけ、後のカルタゴにてブドウ栽培を大きく発展させている。紀元前500年頃、カルタゴの作家マゴは28冊もの書籍によってブドウの栽培法を体系的に整理し、フェニキア人たちの功績を残している。またギリシャで植物学を創生したテオプラストスは、ブドウの栽培とワインの製法についての記録を残し、古代ローマの政治家カト・ケンソリウスも、紀元前160年頃にローマのブドウ栽培と農業についての記録を『農業論』としてまとめている。

　カト・ケンソリウスの『農業論』から2世紀以上後に登場したローマの作家コルメラは、12冊からなる書籍『農業論（De Re Rustica）』にて、ノウハウの伝承だけでなく、ブドウ栽培における新しい方法論を提唱した。特にブドウの

木を棚仕立てに配置する提案は、その後2,000年間の栽培法を決定する重要なものだったと言って良い。コルメラが支柱によりブドウの木を支える栽培法を提案する以前は、ブドウのつるを別の樹木に巻き付かせる方法がとられていたようだ。つまり生きた支柱（樹木）の森にブドウの森を重ね合わせる、かつて森の中で野生のブドウが樹木に巻き付いて蔓延っていた状態をそのまま再現していたのが、古代エジプト、ギリシャ、ローマ前期のブドウ栽培である。

　もしかしたらコルメラは光合成の本質に気付いた最初の人物だったのかもしれない。支柱となる樹木の葉とブドウの葉が日光を奪い合う関係にあると見抜き、ブドウの葉以外の葉を落とした。「樹木とブドウはともにあるもの」という固定観念を打破するのは、容易ではなかっただろう。これ以降、光の利用効率を上げるために、ブドウの古い葉や枝も積極的に切り落とす剪定法も発達した。

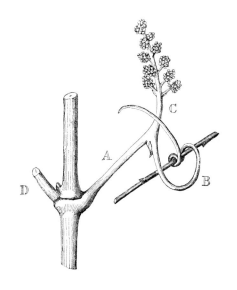

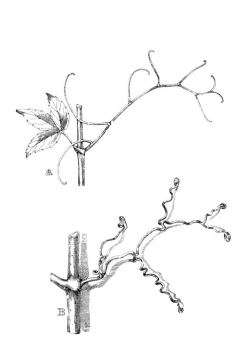

（125）こちらもダーウィンによる、花序を付けたブドウの若い枝の観察。茎から分岐する共通の花柄の先に花序をつけたつると、更に分岐し伸びる巻きひげがある。観察の主眼は植物の「運動」の解明だった

（124）植物の運動を研究していたダーウィン親子はブドウの巻きひげも観察していた。彼らによる茎を挟んで反対側に発達する若い巻きひげと成熟した巻きひげの描写

ワインの名産地を選んだローマの知恵

　光合成については、もう一つローマでのブドウ栽培について触れたいことがある。どうやらローマの人々は、光合成が光と温度の関数であることを経験的に知っていたようだ。

　現代では植物の光合成は、光と温度の関数として厳密なシミュレーションが可能になっている。もちろん水条件や二酸化炭素濃度などの必要条件が満たされていることを前提とした上でのシミュレーションである。まだ光合成が発見される前のローマ時代はというと、ブドウの産地選定に関して、年間を通じて十分な降水量と日照時間（1,300〜1,500時間程度）を確保できる土地が選ばれている。フランスのボルドー、ブルゴーニュをはじめ、ワインの名産地として知られる地域の多くは、ローマ時代に選ばれた土地である。

　またローマ期のブドウ栽培地は、切り立った斜面地につくられていたのもこれを示唆している。北半球の高緯度の地域では南向きの斜面を利用することで、縦方向に伸びるブドウの木に対して日光が垂直にあたり、光合成効率がより高まることとなる。光合成の合成関数に話題を戻すと、太陽光は一定の強度を超えると光合成速度が頭打ちになり、熱による呼吸の増大（関数ではマイナスに働く）によって、ブドウの収量を減少させることにつながる。そのため北半球の温暖地では、北向きの斜面をブドウ栽培に利用することも多い。

植物からの"癒し"の発見
天然アスピリン ヤナギ

DATA

ヤナギ属　*Salix* sp.（ヤナギ科・ヤナギ属）
セイヨウシロヤナギ　*Salix alba* L.（ヤナギ科・ヤナギ属）
原産・主な分布：北欧を除く欧州全域、トルコ、アフリカ北部

（126）セイヨウシロヤナギの葉の裏側は白く見えるのが特徴で、それが名の由来でもある。英語名ではホワイトウィロー。小種名*alba*も白の意

古代文明が見出したヤナギの薬効

　古代メソポタミア南部で栄えたシュメールは、痛みを抑える医学的な処方を記録した最古の文明だと考えられている。考古学者は、シュメール期のアッシリア（3500-2000 BC）から出土した粘土板に残された記録を解読し、この時代の人々がヤナギの葉を痛みや炎症を抑える目的で利用していたことを明らかにしている。時代は下って、古代エジプト文明の医学が記録されたエーベルス・パピルス（1550 BC前後）にも治療薬としてヤナギの葉の記載があり、鎮痛効果や解熱効果が記されている。

　また紀元前4世紀のギリシャでは、哲学者ヒポクラテスが、高熱や痛みに苦しむ患者にヤナギの葉を口に含み咀嚼することを推奨しており、またヤナギの葉を発酵させたものを出産時の激痛に苦しむ妊婦にも処方している。その後も数世紀にわたって、ギリシャやローマではヤナギの樹皮および、その抽出物を解熱、鎮痛、傷の炎症防止、潰瘍の治療に利用している。

　一方、アジアでも中国大陸において2,000年以上前からヤナギの解熱・鎮痛効果が知られてきた。中国大陸で利用されていたのは、同じヤナギの仲間でもシダレヤナギ（*Salix babilonica* L.）である。シダレヤナギの新芽は、ポプラ（*Populus alba* L.）の樹皮と併せて、リューマチ、風邪、甲状腺腫に対する治療薬として、また、失血後の回復や一般的な殺菌用途でも利用されてきた。

（127）古代文明の多くがヤナギの薬効に気付いていた。西洋医学の祖ともいわれるギリシャの哲学者ヒポクラテスもヤナギの樹皮を経口薬として利用していた

White Willow—summer.

左（128）フランス語で「オタマジャクシ刈り（têtard）」と呼ばれる剪定法で整えられた水路沿いに植えられたヤナギ。19世紀フランス郊外の風景。右（129）20世紀初頭にイギリスの緑地で撮影されたシロヤナギ。ヤナギは、人の手で管理され維持されてきた

解熱、鎮痛。薬用成分の正体を巡って

　ヤナギは薬用成分を持つことからも、鑑賞用途からも人々から好まれ、ヨーロッパにおいてもアジアにおいても、人の居住地の近くに植えられるようになった。特にヨーロッパ諸国で植物園が発展してからは、様々な樹種が栽培・管理され、街路樹や公園の木にも多くの樹種が利用されるようになった。19世紀初頭のイギリスでも、シロヤナギをはじめ20種以上の樹種が栽培されていたことが当時の公園や緑地、植物園などで撮影された写真からもわかる。

　1800年代に入ると、有機化学分野での分析技術が発展する。ヤナギの薬効成分も分析が試みられ、樹皮から初めて活性成分が抽出されたのは1802年。この時点では多くのタンニンが含まれていて、純度の低いものしか抽出できなかった。その後も抽出物からタンニンを取り除き、薬効成分を追いかけた結果、1828年までには、純度の高い結晶が得られ、この化合物にサリシンという名称が与えられた。これは、ヤナギ属のラテン語名Salixに因んだものである。その後の分析でサリシンは強い活性を持つサリチルアルコールの部分と糖が結合したものであることが分かったが、そのままリューマチの治療に利用された。当時、実験室内でサリチルアルコールを酸化して得られた物質がサリチル酸であるが、その後の研究で、植物の中で作られる薬効成分そのものがサリチル酸であると、1858年までに明らかになった。

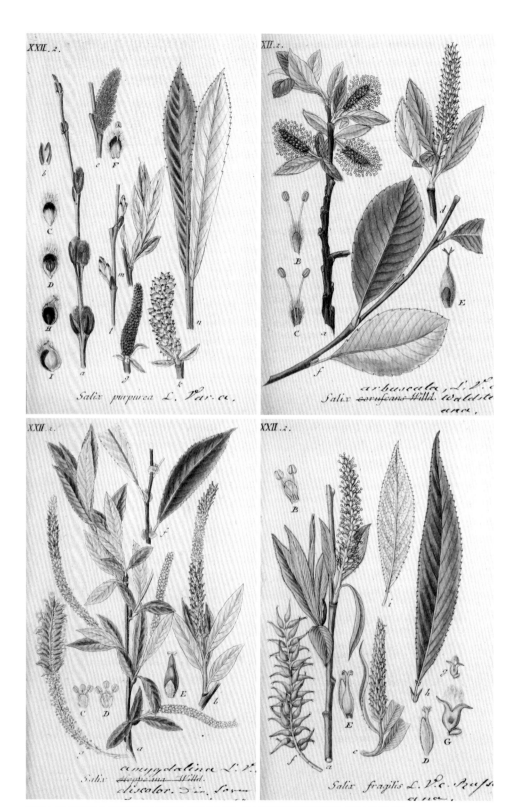

（130）シダレヤナギとセイヨウシロヤナギの葉形が異なるように、ヤナギの葉身は線形や披針形、卵形など変化が多い

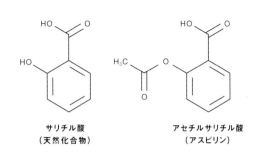

周りの植物にも
危険を伝えるサリチル酸

植物は、植物の一部分が外敵に襲われると、植物ホルモンであるサリチル酸（左）を合成して、全身に「防御反応」をとるよう指令を伝える。指令はメチル化したサリチル酸が気化することで周辺の植物にも伝わり、外敵の襲来を知らせる。サリチル酸がトリガーとなるこの防御反応は、ウイルス、細菌、菌類、昆虫に対して効果を示す。この物質を多量に蓄積するヤナギが、医薬品アスピリン（右）の発見につながった。

サリチル酸
（天然化合物）

アセチルサリチル酸
（アスピリン）

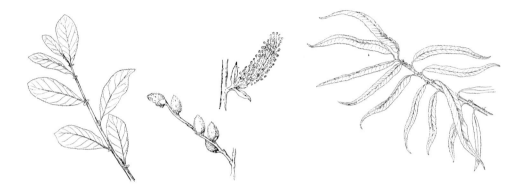

ヤナギからアスピリンへ、そして再び植物へ

現在では、ヤナギやポプラの樹皮に含まれる主要な薬効成分がサリチル酸とその関連物質であることが明らかになり、サリチル酸類が人体において抗炎症作用を示すことも明らかになった。しかし、サリチル酸の状態では、強い苦みがあり、胃に対しても大きな負担が伴うため、飲み薬としての利用は一般化しなかった。

サリチル酸の持つ欠点を補う優れた化合物アセチルサリチル酸が最初に合成されたのは、1887年のドイツだと言われている。実際に誰が新規物質を合成・発見したのかは曖昧なままだったが、真の発見者がユダヤ人のアルトゥール・アイヘングラム（Eichengrum）であったためナチスドイツ時代に記録から消されていたことが2000年までに明らかになってきた。アセチルサリチル酸の工業生産を成功させ「アスピリン」の商標でビジネスに成功したのは、ドイツのバイエルン社である。1899年3月にはアスピリンが初めて出荷され、1900年には飲みやすい錠剤が発売され、爆発的に売れた結果、

1915年には処方箋なしで購入できるまでに一般的な解熱・鎮痛剤になっていった。アスピリンは2020年代の現在も、世界で最も多く消費される薬剤の一つである。そのためアスピリンは、大量生産された初めての薬剤であり、最も長期間利用されてきた薬剤と言われる。

アスピリンの解熱・鎮痛効果が絶大であるため、ヒト以外の生物に与える影響を調べた科学者がいる。ベルギーの研究者は、アスピリンを植物にスプレーすると植物がウイルスや細菌に感染しなくなることを見つけた。アスピリンが風邪の症状を和らげることから、植物の病気も治るかもしれないとの類推だった。実際の効果は、治療ではなく予防だった。その後の研究で、植物にはアスピリンを外から与えなくても、植物が自らサリチル酸を体内で作ることでウイルス、細菌、菌類、昆虫など様々な外敵に対して抵抗を持つことが分かった。現在はサリチル酸の効果をヒントに、植物のための様々な病害予防薬が開発され利用されている。

古代文明はフルーツ天国
ミカン属果樹とバラ科果樹

DATA

シトロン *Citrus medica*（ミカン科・ミカン属）
原産地：インド東部原産
セイヨウリンゴ *Malus domestica*（バラ科・リンゴ属）
原産：アジア西部、特に北部コーカサス地方とする説が有力

(132) 乾燥に強いミカン科ミカン属の柑橘類は、地中海域の気候によく適応し広く栽培されている。また、バラ科の果実は多様で現在も多くの有用な果実がバラ科由来である

古代メソポタミア、最初の柑橘

　古代バビロニア期（紀元前19〜18世紀）のメソポタミアでは、ナツメヤシは言うに及ばず、多くの果樹が栽培されていた。特にバラ科植物の果実、ナシ、プラム、アプリコットが食されていたことは確かで、さらに古い初期王朝時代第三期（2600-2360 BC）には、同じくバラ科植物であるリンゴが食されていたことがわかっている。同時代にはイチジクとブドウも栽培され、さらにザクロも、ウル第三期（紀元前22〜21世紀）あるいはそれ以前から栽培されていたと推測されている。

　しかし柑橘類に関しては、1981年の食文化の専門家の報告では当時の古代メソポタミア文明には以上の食材はすべてがそろっていた

が、おそらく柑橘類は古代メソポタミアの食材から除外できる、との見解が示されていた。考古学の進歩はめざましく小さな発見がそれまでの仮説を覆していくこともある。その後、古代メソポタミアの遺跡から出土した化石に紀元前4000年頃のものとみられる石化したシトロンの種子が含まれていることがわかった。現在では、このレモンと近縁のシトロンが、メソポタミアに伝えられた最初の柑橘だろうと考えられている。一方で、シトロンを含む柑橘類はインドが原産地とされながら、インドでの柑橘に関する最も古い記述は、ヒンドゥー教に関連した文献（800 BC）が知られるのみである。

下（134）シトロンは紀元前に地中海域に伝わり、米大陸にもコロンブス以前に伝わったとみられている。ヨーロッパで一般化したのは7世紀以降。日本ではマルブッシュカン（丸仏手柑）として知られ、1826年に編纂された『本草図譜』に記載されていることから、日本に伝わったのはそれ以前と考えられる。上（133）は近縁種の仏手柑

（135）スイスの先住民族の遺跡から約4000年前のリンゴの化石が見つかっているが、現在のヨーロッパでの栽培が本格化したは、16～17世紀

東南アジアからエジプトに届いた果物

　エジプトを含む北アフリカでの果樹栽培の歴史も古いと思われるが、古代からの栽培の証拠は多くはない。バラ科の果実を代表するリンゴが地中海に伝わったのは、古代ギリシャの王とエジプトのファラオを兼ねたアレキサンドロス大王が行った遠征時（紀元前4世紀後半）と考えられている。この遠征に随行し、ペルシャからリンゴの種子を領内に持ち帰ったのが前述したテオプラストスと言われている。

　同様に柑橘類がエジプトに伝わったのも、アレキサンドロスの遠征時と考えられてきた。これを支持する形で、エルサレム近隣のペルシャ庭園址やチュニジアのカルタゴ遺跡から出土した花粉化石の分析から紀元前4～5世紀に

おける柑橘類の存在が確認されている。この時期ペルシャ湾岸域からエジプトに運ばれた柑橘は、レモンと近縁のシトロンだと考えられている。しかし最近の研究では、中東から地中海にかけて位置する古代文明に最も早い時代に柑橘類が伝えられたのは、東南アジア経由であること、伝播の時期は、アレキサンドロスの遠征よりも大幅に古いことが明らかになりつつある。2021年に発表された最新の研究によると、地中海東部とエジプトに東南アジアから柑橘を含む果樹がもたらされたのは、古く見積もって紀元前第4千年紀、遅くとも紀元前第1千年紀と考えられる。

人類が初めて栽培した植物
ナツメヤシ

DATA

ナツメヤシ *Phoenix dactylifera* L.（ヤシ科・ナツメヤシ属）
原産：中東・北アフリカ／主な分布：北アフリカから西アジアまでの広域

(136) ナツメヤシはスウェーデンの
博物学者リンネが著した『植物の種』
(1753年) にも記載された古くから
知られるヤシ科に属する植物で、乾
燥地帯によく適応した常緑性の高木

生命をつなぐ役目を持ったナツメヤシ

　最古の文明の一つ、シュメール文明ではナツ
メヤシは「農民の木」と呼ばれていた。デーツ
は栄養価が高く、乾燥させると長期保存も可能
で、シュメールの人々が生きるうえで重要な木
だったと想像できる。ハンムラビ法典にもナツ
メヤシの果樹園についての条文が残されてい
る。ギルガメッシュ叙事詩には、知恵の神エン
キが創造した地上最初の果樹としてナツメヤシ
が登場している。イスラムの聖典コーランに
も、ナツメヤシ樹下でのイエスの誕生が描かれ
ている他、「神が与えた食物」として何度も登
場する。旧約聖書の創世記にあるエデンの園の
中央に生える「生命の樹」のモデルも、ナツメ
ヤシと考えられている。実際、ナツメヤシの図
像は古代オリエントを中心に、ローマ期の頃ま
で数多く登場し、その意味は豊穣の象徴から、
神聖なるもの、勝利、死の克服、永遠なる生に
まで広がる。

　考古学者によると、ナツメヤシの栽培化に関
する最初期の証拠は、メソポタミアのペルシャ
湾周辺地域における紀元前6〜5千年紀の古い
時代にまで遡れ、人が栽培化した最初期の植物
の一つと言える。そのことからも、ナツメヤシ
が神聖視されていった経緯を推し量るのは難し
くない。ペルシャ湾周辺域で栽培されていたナツ
メヤシは、エジプトをはじめ、広大なアフリカ
北部へと徐々に伝播していったと考えられてい
る。

（137）ナツメヤシの果実であるデーツは、日本の干し柿に似た甘さと食感を持つ

（138）ナツメヤシは自然交配できるが、現代では人工授粉によって生産量の最大化がはかられている。古くは、古代アッシリアの頃から人工授粉の技術はあったと考えられている

現実の世界でも過去数千年のパートナー

　乾燥したデーツの甘みは、果実に蓄えられた高濃度のブドウ糖、果糖、ショ糖に由来するため、優れた炭水化物の供給源となりうる。生食、乾燥食を問わず、豊富な食物繊維の供給源でもある。生食の場合はビタミンCの優れた供給源にもなり、進化の結果ビタミンCを合成できなくなった人類にとって、優れた栽培植物と言える。古代の人々にとっては日常の食料としてはもとより、長距離を旅する場合の欠かせない携帯食だった。そのようなわけで中東と北アフリカの乾燥地帯に住む人々の間では、デーツは長く主要な炭水化物の供給源であった。この地域における農業の礎と言われるほど、過去数千年にわたって地域の農業を支える中心的な植物で

あり続け、最近の統計でも、デーツの生産量は年間900万トンに上る（2019年FAO報告）。

　しかし、現在、栽培されているナツメヤシと、当時のナツメヤシは、全く同じとは言えないようだ。2021年に報告されたイギリスのキュー植物園のチームを中心とした専門家による研究では、「考古ゲノミクス」の手法で古い植物組織のDNAと現存種のDNAを分析した結果、中東・北アフリカのナツメヤシの原種とエーゲ海周辺に自生する近縁種およびバングラデシュからヒマラヤにかけて自生する近縁種とが紀元前200年から100年にかけて雑種をつくってきたことが明らかになった。

（139）

吉祥と美の象徴となった
聖木と麗しきバラ

2021年9月24日、湾岸戦争勃発の混乱の最中にイラクの博物館から略奪され米国に密輸されていた、約35世紀前のくさび形文字が刻まれた粘土板がイラクに返還された。これらの粘土板には、ギルガメッシュ叙事詩が含まれる。同叙事詩は、古代メソポタミア（ウルク）の王、ギルガメッシュの冒険譚であり、世界最古の長編の物語である。紀元前2000年頃のバビロニア時代では、学校での読み書きの教材として叙事詩が利用されてきた。特に後述する森林の番人フンババ征伐の下りは人気があり、多くの粘土板が見つかっている。現代の子どもたちがタブレットを片手に文字を学ぶように、バビロニアの子どもたちもタブレット（粘土板）を手に、くさび型文字を学んだ様子が思い浮かぶ。なお、くさび形文字（Cuneiform）という言葉は、出島の3学者のひとり、エンゲルベルト・ケンペルがイランに滞在した時に見た記録を中心にまとめた『廻国奇観』の中で使われて以降、一般に知られるようになった。

深淵を覗き見た人と植物たち

ニーチェよりもギリシャ世界の人々よりも先に心の奥の闇である「深淵」を覗き込んだのは、紀元前21世紀を生きたギルガメッシュ王である。同叙事詩の標準版は、紀元前13から12世紀に「過去」の記録として編纂されたもので、それを構成する12枚の粘土板の原題は、「深淵を覗き見た人」

である。粘土板に刻まれた若き王と友による冒険のストーリーには、多くの植物が登場する。圧倒的な量で迫るのはスギの大木である。楽園をイメージさせるのは、宝石のなる木とブドウである。そして、若返り・不老不死の薬となる深い水の底に生える植物、豊穣の女神イナンナがユーフラテスのほとりで見つけたフルップの木（世界樹、生命の樹）などである。

これらの多くは、想像上の植物であるが、スギ（レバノンスギ）とブドウは実在の植物で、それぞれ、象徴するのは、あるべき大自然の姿と楽園の豊かさであろう。寓話や神話の意味を超えて、これらの植物が自然の恵みとして、また栽培植物として紀元前の文明の中に根付いていたことの意味を読み取りたい。また、水の底に生える不老不死の植物は、一般的な英訳では灌木クコに似た植物（boxthorn-like plant）とされることが多いが、摘み取ろうとするものを傷つける棘を持つとの表現からバラを連想させるとする見方もある。

このセクションでは、自然に囲まれ、自然に翻弄される人類が、植物の中に幸運の種と生命の美を見いだす様を追体験し、圧倒的な自然に立ち向かって勃興した文明がどのように植物を捉えていたのかについて考察する。なお、この後のセクションで見ていくように、文明が自然を圧倒するようになると、大自然は畏れを乗り越えて征服すべき対象から保護の対象へと変化していく。

太陽神アポロンの聖木
ゲッケイジュ

DATA_____
ゲッケイジュ　*Laurus nobilis* L.（クスノキ科・ゲッケイジュ属）
原産地：地中海沿岸
_____

（140）ゲッケイジュは比較的小さ
な常緑樹であり、欧米では、ス
ウィート・ベイの名称でも知られ
る。リンネ自身による植物種名の
リストに含まれる植物である

古代ギリシャ神話の中のゲッケイジュと月桂冠

　古代ギリシャではゲッケイジュは太陽神アポ
ロンと山の精（ニンフ）であるダプネーの神話
に因み、ダプネーという名称で呼ばれていた。
神話ではアポロンは大地の女神ガイアに使える
巫女、あるいはニンフであるダプネーに恋心を
抱き、誘惑しようとする。しかしアポロンを避
けたいダプネーは女神ガイアに助言を求め、ガ
イアはダプネーをクレタ島に匿って、身代わり
にゲッケイジュの木を残した。ダプネーがアポ
ロンを避けるのも、アポロンがダプネーに魅了
されるのも、性愛をつかさどる神エロースがい
たずらで放った矢が、二人にあたったとする設
定がある。

　詩人でもあるアポロンの性格は、同一視され

るさらに古い時代のギリシャの太陽神ヘリオス
とは明らかに異なるように見える。二人の太陽
神が同一視される前は、アポロンは現在のトル
コにあたるアナトリアの古代文明で信仰された
植物の神ともされていた。その後のストーリー
としては、アポロンはゲッケイジュの前に立ち
すくみ、枝を丸く編んで月桂冠を作って傷心を
癒したとされる。この神話にちなんでゲッケイ
ジュは、アポロンの神木と呼ばれ神聖視される
ようになった。紀元前582年から、4年に一度
開催されるようになった、ピューティア大祭で
は、音楽や演劇の競技で優勝した勝者に対し
て、アポロンへの敬意を表し月桂冠が贈られて
いる。

（141）アポロンとダプネーのテーマはさまざまな芸術作品の題材とされている。ゲッケイジュが身代わりの場合もあれば、ダプネー自身がゲッケイジュに変えられるなどいくつかの異なる結末が語り継がれている

暮らしに溶け込んだゲッケイジュの作用

　月桂冠が勝者に送られる風習は古代ローマにも引き継がれ、ローマの文化の中でゲッケイジュが持つ勝利の象徴が強化され、伝統に組み込まれた。また本来、月桂冠が芸術に優れたものに贈られていた背景から、芸術文化において優れた功績を残した人物に月桂詩人（Laureate）という称号が贈られるようにもなった。この慣習は現在にも残り、ノーベル賞受賞者もNobel Laureateと呼ばれる。

　このゲッケイジュの葉の形状は長楕円形で、細く長く伸びる枝に互生する。この形状は月桂冠を丸く編み上げるのに適している。葉は強い芳香性を持つが、これは揮発性の成分と精油と樟脳の生成によるものである。そのため産業上

でも多くの用途が知られている。特に、食品、医薬品、化粧品の用途で使用されることが多い。ゲッケイジュの精油成分が抗菌・防腐・殺虫効果を持つことは、経験的に古くから知られており、乾燥した葉、あるいは精油が消臭や防腐効果を兼ねたスパイスとして、肉製品、スープ、魚料理などに用いられる。果物からは精油だけでなく、油脂も取れる。これはオリーブ油と並び、地中海地域における伝統的な石鹸原料として知られている。また地中海地域で民間薬として利用されてきた歴史も長く、腹部の膨満感や消化不良を解消するための整腸効果やリウマチや皮膚炎に対する抗炎症効果などの薬効が知られる。

種を食べていたヨーロッパ
美の象徴のバラ

DATA _____

バラ属　*Rosa*（バラ科・バラ属／主にバラ亜科）
主な分布：バラ亜科の種は、新旧両大陸にまたがり広い分布を見せる

（142）バラ属には、150〜200の種が含まれるが、現在も変種・品種が整理されており確定はしていない。これまで人の手で生み出されてきた品種は数万にのぼると言われ、2万数千品種が現存すると言われている

バラはその昔、食べ物だった？

バラは人の手が加わることで大きく多様化した植物の代表と言える。人の手が加わる前のバラの花の形に関する手がかりは少ないが、バラはいったい、いつ頃から今のような形をしているのだろうか。古第三紀が始まる暁新生（6,600万〜5,600万年前）の地層からは、バラの最も古い化石が見つかっており、時代が下って漸新世になると、世界各地に拡散し、多様化する条件が整っていたといえる。ただし生殖組織である花の部分は化石として残りにくく、当時の花の形はわかっていない。

人類出現以降の考古学資料もそれほど多いとは言えないが、約5,000年前のオランダ中央部の人の居住地から、バラの種子が見つかってい

る。今も昔もオランダが花の栽培の中心だったのかと思いきや、当時の人々はバラの種子を他の果実やナッツと同様に食用にしていたと考えられている。バラの種子は3,500年前のスイスの遺跡などからも出土している。

クレタ島に栄えた青銅器時代のミノア文明の遺跡からは、バラを積極的に利用していたことを示す手がかりが多く得られている。クノッソ宮殿の「青い鳥のフレスコ」と名づけられた壁画の一部には、バラと思われる花が描かれている。イギリスの考古学者アーサー・エバンス卿の著書『ミノスの宮殿』の中では金のバラの色と表記されていたが、実際に博物館で確認できる花の色はピンクである。

(143) ヨーロッパでは中世に入るとバラは神に捧げる花として、一般の人々による栽培が禁止された。ルネッサンス期にやっと一般の人々の手に戻り、多くの芸術作品にも登場する。ボッティチェリの「ビーナス誕生」にもバラが描かれているのは有名である

不老不死をもたらす伝説と香りで人を魅了したバラ

　考古学資料は少なくても、古い文字の記録の中にバラについての記述はなかったのだろうか。ここでも古代メソポタミアの文学、ギルガメッシュ叙事詩に触れておきたい。第11粘土板の記述によると、ギルガメッシュ王は冒険の果てに暗い水の底にたどり着き、不老不死をもたらす植物を採取することができた。この植物には棘があることから、バラと予想する研究者もいる。実際のモデルは不明であるが、世界最古の冒険譚の中で、棘のあるこの植物は不老不死を象徴する重要な役割を担っている。叙事詩の原型はさらに古いはずだからと、紀元前4200年代の最古のくさび形文字の粘土板の中にバラの記述を探す研究者もいる。しかし当時のアッシリアの言語の中にも、確実にバラを指すことが確かめられた単語はない。なお、ある単語（kasi SAR）が、棘を持つ植物、すなわちバラを指すのではないかと議論されたこともあるが、研究者らによってアブラナ科のクロガラシを意味する単語に分類されてしまった。ただ

しクロガラシには棘がないので、この議論に結論が出ているわけではなく、バラである可能性も否定はできない。

　明確にバラの記述が残るのは、ヘロドトスの時代（紀元前500年）以降である。ギリシャ神話のミダス王は多くの花弁を持ち香りの良いバラを、現トルコのブリュギアの庭園で育てていたとされる。植物学の視点から正確な記録を残したのは、アリストテレスの後継者、テオプラストスである。紀元前300年頃の研究書の中で、野生種と栽培品種を明確に区別しており、当時のギリシャ文明圏において複数の品種が栽培されていたことがわかる。テオプラストスはバラの香り成分をオイルに閉じ込めて、男性用の香水として利用する具体的な方法にも言及している。一方、バラ水（ローズウォーター）は伝統的に中東では食用にも利用される。記録によると年間3万本もの瓶詰めのバラ水が、イランのフリスタン州からイスラム世界の各地、さらには中国まで輸出されていたとの記録がある。

121

平和の女神と勝利の女神が
選んだ木 オリーブ

DATA

オリーブ *Olea europaea*（モクセイ科・オリーブ属）
原産地：地中海沿岸／現在の分布：地中海地域

（144）オリーブは、モクセイ科の
常緑樹で、実が生食用にも食用油
の原料にもなるため地中海沿岸地
域において古くから栽培され、文
化に与えた影響も大きい

最初期のオリーブ の植樹からオリーブオイルまで

　地中海におけるオリーブの歴史は、ヒトが登場する遥か以前から始まっていた。化石からオリーブの木は漸新世（2〜4千万年以上前）の地中海（イタリア周辺）に自生していたことがわかっている。植林および人工林の歴史を研究するエヴァンスによると、人類が行った最初の植樹は、紀元前4000年前後のオリーブの木の植樹だという。植樹がそのまま栽培化というわけではないが、それ以降、紀元前3000年頃までには、クレタ島で栄えたミノア文明においてオリーブの栽培化がおこなわれていたとしている。このエヴァンスの考える世界最古の植樹や栽培化についての評価は、すでに書いたメソポタミア文明（紀元前6〜5千年紀）でのナツメヤ

シの栽培化に関する考古学的な観点を考慮しない議論ではあるが、オリーブにも十分古い歴史があることは確かである。

　ミノア文明での古宮殿時代に入るとクノックス宮殿の地下に食料を貯蔵する施設がつくられ、穀物やワインと共にオリーブオイルも貯蔵されていたことがわかっている。新宮殿時代の遺構には、オリーブオイル油を製造した跡も残っている。また同時期の遺構から出土した滑石でできた収穫の壺には、27人の男たちが手に棒を持ちオリーブを叩き落す収穫の様子が描かれていた。それらからも当時のオリーブ栽培の様子が推察できる。

（145）古来ギリシャ時代の遺跡から出土した陶器に描かれたオリーブ冠の戴冠の様子。手渡しているのは女神アテーネだろうか

（147）イタリアの人々はオリーブと共に生きてきた。この歴史を未来につなげる意図から、イタリア・トスカーナ州のセッジャーノ村では、毎年オリーブオイル祭りが開催される

（146）1775年1月の『ロンドン・マガジン』に掲載された版画には、平和の象徴としてオリーブの枝を掲げた女神が描かれている。左右にいるのはアメリカ合衆国とブリタニア（イギリス）が擬人化された姿とも

オリーブは勝利の女神がつくった木

　オリーブの花言葉に「勝利」と「平和」がある。由来はどちらもギリシャ神話にまで遡ることができる。ギリシャの古代都市の領有をかけ、海神ポセイドンと争った女神アテーネがつくり、勝負の中で市民に贈ったのがオリーブの木であり、この戦いに勝った女神の名が都市の名にもなった。これに因み古代ギリシャでは、オリュンピア大祭の勝利者にオリーブの枝でできた冠を贈った。

　平和の意味のルーツは二つある。ギリシャ神話の平和の女神エイレーネ（イリニ）の持ち物の一つがオリーブの枝であった。エイレーネがオリーブの枝を手に持つイメージは、古代のコインの意匠ともなっている。もう一つは、旧約聖書『創世記』のノアの箱舟の物語だろう。大洪水の記憶は、古くから人類に伝わりギルガメッシュの粘土板にも残されている。創世期の記述も、古代の記憶を伝承するものだろう。創世期では、大洪水を耐えた方舟から放たれた鳩がオリーブの葉を加えて戻ってくる一説で物語は終わる。これは、神が方舟を陸地にまで導いたことを意味する。

　15世紀イタリア・フィレンツェのマキャベリが主催した「自由と平和の十人委員会」の紋章に鳩とオリーブ使われるなど、現在まで多くの平和を表す意匠として、鳩とオリーブの組み合わせは利用されている。

不死か死か。長寿ゆえの 神聖視 サイプレス

DATA

イトスギ類 *Cupressus* L.（ヒノキ科・イトスギ属）
主な分布：旧イトスギ属は古くから世界中に分布。4つの属に分割後の
新イトスギ属はユーラシアに分布
ホソイトスギ *Cupressus sempervirens*（ヒノキ科・イトスギ属）
原産・主な分布：地中海沿岸からイラン

（148）イトスギは枝が広がらず細く高く成長する姿形の美しさから、世界中で公園樹、庭園の造園樹、街路樹として利用されている。鑑賞用途以外ではギター材（側板裏板）としての利用も知られる

長寿命のイトスギが持つ象徴性

　新旧イトスギ属には、多くの種や栽培品種が含まれるが、イタリアイトスギの名でも知られるホソイトスギが最も長い期間文字の記録に残されてきた代表的な種であると言える。ホソイトスギの分布は地中海から肥沃な三日月地帯までの地中海農耕文化に連なるいくつもの文明が勃興した地域に重なるため、多くの象徴的な意味を持つようになった。古代ペルシャでは、ヒトが植物の系統から誕生したとする神話に基づきペルシャに自生する常緑樹や古木に対して神聖な存在としての尊崇の意を持っていた（Dehkordi他、2015）。イトスギもオリーブも常緑であることから、楽園から来た植物とされてきたが、特にイトスギは、寿命が長いため、

永遠と不死の象徴とされてきた。

　以上の経緯から、古代ペルシャから現在のイランまで、イトスギは、絵画、工芸品、建築のモチーフとして好まれてきた。一見、微生物をかたどった意匠のようにも見えるペイズリー柄が、発祥の地ペルシャにおいては、強風に吹かれるイトスギのモチーフであったことはあまり知られていない。アケメネス朝ペルシア帝国のペルセポリスの宮殿では、イトスギの意匠が多く用いられているが、特に宗教上重要だったのは、ゾロアスター教の最高神であるアフラ・マズダー（賢き主）のシンボルでもあることだろう。

4章 古代・中世

(149) ヘラクレスの孫にあたるキュパリッソス（Cyparissus）が、親しくしていた鹿を誤って投げ槍で殺してしまう。深く悲しんだ少年は、自らの姿をイトスギ（cypress）の姿に変えて永遠に悔いることを願い、太陽神アポロンは願いどおりにそのようにした

(150) ダ・ヴィンチの「受胎告知」をはじめ、この場面を描いた絵画では背景にイトスギが描かれていることが多い。これはキリストの未来を暗示しているとも言われている

クリスマスツリーがイトスギではなくなる日

　ギリシャ神話とキリスト教では、イトスギが象徴するものは神聖であり、暗い。ギリシャ神話では雄鹿の死を嘆き、イトスギの姿にと変わった美少年、キュパリッソスがイトスギの欧米名サイプレスの語源であり、これに由来して死と悲しみの象徴となった。キリストが磔にされた十字架はイトスギとの伝承があり、キリスト教文化圏でも死のイメージは強い。墓地などに植えられることが多いが、欧米ではクリスマスツリーにも利用される。

　ただしクリスマスツリーに使われる北米産のイトスギは、分類上イトスギではなくなるという議論もある。植物の分類は他の生物も対象とした系統学と同様に、従来の形態的な違いに基づく分類に様々な手法を加えながら進歩してきた。近年大きな進歩を見せた分子系統学とは、遺伝子のタイプに基づいた分類を行う学問である。分子生物学の手法により生物の進化の道筋をたどり、種の分岐を理解する。その分子系統学に基づき、近年、針葉樹を構成する属の大幅な見直しが進められている。現時点では、イトスギ属とされるのはユーラシアの9種。イトスギ属から離れ、*Callitropsis*属として北米の1種、*Chamaecyparis*属として北米の2種とアジアの3種、*Hesperocyparis*属として北米大陸全体に南米のコロンビアまでを加えた地域に分布する16種とする方向で議論が進んでいる。

征服対象としての森林から、木を育む植林へ

人類の歴史は、自然を制圧してきた歴史ともいえる。世界最古の長編叙事詩
『ギルガメッシュ叙事詩』は、世界最古の森林破壊の記憶をも刻んでいた。

『ギルガメッシュ叙事詩』の新文書が2014年に公刊されたという。新たに加えられた情報をもとに再現されたギルガメッシュ王の冒険は、まさに生々しいまでの森林破壊の記録でもあった。ギルガメッシュ王は盟友といえる野人エンキドゥとともにレバノンの山地まで遠征し、レバノンスギの森の番人（精霊）フンババを討ち取る。森の木々は根こそぎ伐採され、森も死んだ。二人の若者は神の怒りに触れ、一人が命を落としている。ギルガメッシュ王ほどではないかもしれないが、人類は古代より森林を征服対象とみなしてきた面は大きい。だがある程度時代が進むと木を切ると同時に、木を植え、森をつくる行為が始まる。植林である。

世界に残る植林の記録

世界最古の植林は、いつどこで行われたのだろう。日本では1,500年頃に始まった奈良の吉野杉の植林が最古の事例とされている。さらに古く青森県の三内丸山遺跡周辺に、人為的に選抜されたであろうクリ林の存在が、考古学的資料と分子考古学的なデータによって示唆されている。『日本書紀』のなかでも野山に種子を撒き、堅果を実らせる木々を増やすことが奨励されている事実は興味深い。国連の食糧農業機関（FAO）の報告書に登場する古代の植林の事例は、すべてアジアの事例である。中国ではBC 2000年前後には宗教儀礼あるいは鑑賞用途で、果樹とマツが栽培化されていた可能性に触れられている。周代、漢・唐の時代にも記録があり、宋代には、種を直播きし森を再生する活動が行われたとされる。森林生態学者のエヴァンスは、人類最初の植林を青銅器時代のギリシャでのオリーブの植樹だと考えているが、古代の植林と考えられる西洋世界の記録は見当たらないようだ。森林ジャーナリストの田中敦夫の調査によると、神聖ローマ帝国でマツ、モミ、シラカバの種から「帝国の森」を育てた記録（1363年）に行き当たったという。

森を見て、木を見る

挿し木で増やした苗で植林された森の木々は、どれも遺伝的な背景がまったく同じクローンである。人工林をつくるとは、クローン森をつくることに他ならない。森を見る場合、そこに育つ木々は、オリジナルなのか、クローンなのか。この視点を持たなければ、森を見て木を見ず、となる。

ただし、自然界にも森全体がひとつのクローンとして振る舞う場合もある。竹林はすべての個体が地下の根でつながったひとつの生物と見なせ、個体の寿命は60年や120年で尽きてしまう。米国ユタ州のパンドと呼ばれる43万平方メートルのポプラの森もすべての木々が根でつながったひとつの生命体であるが、すでに8万年の時を生き続けている。

(151) 江戸時代後期頃の木曽・飛騨地方で
行われていた伐木運材の様子を描いた資料
より。木曽の森は1665年以降、過度な伐
採を禁じ持続可能な森づくりに転じた。当
初は、伐採後に積極的な植林をしなかった
が、跡地にヒノキが育つなど遷移を見せた

(152) 植物はクローンであっても環境条件に
よって成長速度や寿命が大きく変化する。宮
崎県日南市の杉の実験林、通称「ミステリー
サークル」で見られる、クローンの樹木が見
せる成長の違い。「nature or nurture（氏
か育ちか）」は生物学の大きな課題である

森づくりは長期スパンの農業だった

建材であれ、果樹であれ、実用的な用途を定
めた森は、農作物と同じで必ず伐採される。
そういった意味で森づくりは、長期スパンの
農業と同じである。「収穫」し、目的を達成
したと判断されれば、森づくりは継続しない。
そのためかつて植林された森で現存する
森は多くない。そう考えると吉野の森づくり
が現在も続けられていることは、注目すべき
点だろう。スリランカには、シンハラ王朝
期（BC 543）に民家の庭に実のなる木を植え
た記録と、ドゥトゥガムヌ王時代（BC 161
－137）の造林と、森を保護するための規則
制定の記録がある。同地に現存する樹木に、
BC 220年に植えられた聖樹、インドボダイ
ジュ（Ficus religiosa）がある。

守られてきた巨木と、生き抜いてきた巨木

世界各地には数千年単位で環境の変化や病害、
伐採の危機を逃れて残った巨木や高齢樹がある。

　長い期間、生き残ってきた高齢樹の樹木は二つのグループに分られるように思う。グループ①は、人類をはじめとする「加害者」や、物理的・生物的な加害要因から隔離されてきた樹木たちのケースである。真っ先に思い当たるのは、1966年に発見されるまで山林奥深くに隠されてきた、推定樹齢7,000年〜2,700年とされる屋久島の縄文杉であろう。年代推定の結果、外周部の組織は2,700年前のものとわかっているが、もっと古い芯部組織の分析は実施されていない。縄文杉は学名でいえば、*Cryptomeria japonica* となり、一般的な日本列島の杉と同じで、巨木となるような遺伝的な違いはない。有史以来、樹木の寿命を終わらせる最も大きな要因のひとつとなったヒトに発見されなかったのは、立地条件のおかげだといえる。

　病害虫の発生が少ない厳しい環境が、樹木の生存に有利に働くこともあるようだ。北欧には低温環境の中でマツ科のオウシュウトウヒ（*Picea abies*）の地下部が9,500年もの間、生き続けた事例がある。高地の例としては、チリのアンデス山脈に立つヒノキ科のパタゴニアヒバ（*Fitzroya cupressoides*）の群落に、最高樹齢3,600年を超すものがある。パタゴニアヒバという樹種自体、ヨーロッパには長らく知られておらず、発見はダーウィンのビーグル号での航海時。属名のフィッツロヤは、ビーグル号船長のロバート・フィッツロイに由来している。

手植えの伝承とともに守られてきた巨木

　もう一つのグループ②は、人類がその木を守るべき理由を、世代を超えて語り継いできたケースである。一番古い事例は、ツァラトゥストラの名でも知られるゾロアスター教の開祖が植えた伝説が残るイランのイトスギの近縁種（*Cupressus sempervirens*）だろう。この木は、マルコ・ポーロの東方見聞録に記述があるとも言われる。樹齢4,000年以上との推計もあるが、イラン国内の森林研究者によると2,700〜2,850年の範囲との推計もあり、後者の場合、ゾロアスターによる植樹とは言えなくなる。しかしこの伝説により神聖視され、保護されてきたことは間違いない。

　日本国内にも植樹の伝説とともに守られてきた樹木が数多く存在する。例えば福岡県の香椎宮は、仲哀天皇と神功皇后を祀る廟である。ここに神功皇后の手植え伝説のある神木・綾杉が立つ。推定樹齢は、1,800年。「ちはやふる・香椎の宮の・あや杉は・神のみそきに・たてる成けり」。この杉は『新古今和歌集』にも詠まれている（読み人知らず）。

　ここまでにオリーブやサイプレスなど古代文明で神聖視された樹種もいくつか紹介してきた。生物個体としてのヒトの寿命は短いが、意思や価値を語り継ぐことで、一個人の寿命をはるかに超越した長期間の樹木の保護が実現することもある。

（153）マルコ・ポーロが見た巨樹。なお
この伝説の樹木はソロアスターではな
く、息子のヤペテによって植えられたと
する伝説も存在するようである

（154）香椎宮の綾杉。香椎宮編年記に
は765年以来、不老水に綾杉を添えて
朝廷に献じていたと記されている

国内の守られてきた樹木の例

蒲生八幡神社の「大クス」〔鹿児島県〕
推定樹齢1,500年の国内最大の外周（24m）を持つ巨樹
である。宇佐八幡宮神託事件（769年）により一時的に
流罪となった和気清麻呂が手に持つ棒を地に突き刺した
ものが根付いた、とする伝説がある。皇統をめぐる伝説
と相まって、神格化されてきたものと考えられる。

八坂神社境内の「杉の大スギ」〔高知県〕
推定樹齢3,000年以上。スサノオノミコトが植えたとの
伝承があり、信仰の対象となっている。

八剣神社の「大イチョウ」〔福岡県〕
推定樹齢1,900年、ヤマトタケルノミコトが熊襲征伐に
際し遠賀川河口域に滞在し、この地で姫と結ばれたこ
との証として植えたとの伝承がある。

第5章

海を越えた
プラントハンターと
愛された植物たち

〈近世・近代／大航海時代と産業革命〉

西洋の人々がまだ見ぬ大陸を目指し大海原に漕ぎ出した時代は、植物にとっても大冒険の幕開けだったに違いない。この時期、多くの植物が驚嘆と羨望とともに欧州に迎え入れられた。植物への認識も、利用方法も刻々と進化していった時代の、植物による社会への影響を覗く。

人類は、優秀すぎる
植物の「運び屋」になった

従来、「発見の時代（Age of Discovery）」と西洋からの視点でのみ語られた時代に対し、「大航海時代」との新名称を与えたのは、ラテンアメリカ史を専門とする増田義郎である。西洋人が「発見」する以前から新大陸にもオセアニアの島々にも人々の営みがあったのだから、人々の行き来が活発化したことに着目したこちらの名称の方が、正しく時代の本質を表しているように思える。大航海時代の幕開けには、羅針盤がヨーロッパに伝わったことや大型帆船の建造技術が確立し、ヨーロッパで帆船の建造が相次いだという技術的な背景が大きく関係している。この時期、地中海貿易に出遅れたスペインとポルトガルが、北アフリカ進出を手がかりにアフリカ・アジアの各地に探検隊を送り込んだことで大航海時代は本格化したといえる。

特に1498年にヴァスコ・ダ・ガマが喜望峰経由の海路を開拓し、インドに到達したことは時代の転換点であった。この航海はインド産のスパイスを初めてヨーロッパにもたらした。一方スペインはコロンブスをサポートし、サンタマリア号を旗艦とする艦隊を編成して大西洋を横断。1492年に西インド諸島に到着している。1500年にはポルトガルもブラジルに到達し、領有を宣言している。北米大陸は後発で大西洋航海に乗り出したイギリスが1497年に、フランスが1515年に、北米探索を実施している。1522年にはマゼラン艦隊が、世界一周を企図する航海途上で大西洋・太平洋を横断後にフィリピンにまで到達した。こうしてヨーロッパは、東西の航路からアジアに到達し、地球を周回する人類の旅が加速した。このことは植物の「運び屋」としての人類の能力が強化されたことを意味する。

プラントハンターの時代を
象徴するひとりの人物

この時代を語るときに、最も典型的なプラントハンターとして生きた人物を数人思い浮かべることができるが、その筆頭が、日本になじみ深いフィリップ・フランツ・バルタザール・フォン・シーボルト（1796 － 1866）だろう。この人物は、長崎出島のオランダ商館所属の身分で日本に滞在していたので、オランダ国籍の人物かと思われることが多いが、ビュルツブルグ生まれのドイツ人の医者である。彼がオランダ人ではないことを知らなかったのは、当時の幕府も同じで、入港した際はオランダ人として遇されている。のちにオランダ国籍でないことがわかり、ロシアのスパイの可能性を疑われ1829年に強制退去となった。

国外退去が決まってからが、シーボルトのプラントハンターとしての本領発揮である。船に可能な限りのコレクションを詰め込んだ。日本で採集した500株の生きた植物、2000点もの植物標本、その他博物学

的価値のありそうなものは何でもヨーロッパに持ち帰り、オランダでの滞在先、ライデン大学に持ち込んだ。ライデン大学では貴重な植物資料を維持するために植物園を新設することになり、そのための組織として、オランダ王立園芸奨励協会も設立されるなど、シーボルトのコレクションを活用した研究拠点がつくられ、ここから多くの植物がヨーロッパ中に株分けされていった。

彼のコレクションがヨーロッパに受け入れられた経緯としては、当時、珍しい外国の植物は、ほとんどが熱帯産であったため、ヨーロッパで維持するには温室が必要であり、そのような植物を栽培できるのは王侯貴族層に限られていた。一方、日本とヨーロッパはともに温帯にあるため、日本で採集された植物はそのままヨーロッパでも露地栽培できる。そのため、ある程度層の厚い富裕の人々から熱烈に歓迎される潜在的な需要の大きさを、シーボルトは見抜いていた。だからこそ無理をしてでも大量の植物を持ち帰ったのである。

シーボルトの軌跡は、このように大航海時代により、ユーラシア大陸の東と西の果てが海の道でつながり、ヒトの交流を通じて、「植相」を交換する時代の幕が開けたことを象徴している。これ以降、日本の人々が植物の変化から四季の移ろい感じるように、ヨーロッパの人々も季節の変化に伴う植物の変化を楽しむ時代が始まった。また

シーボルトがもくろんだように、大航海時代以降のヨーロッパは、植物が莫大な富を産む時代に突入していく。

東西の垣根が取り払われたときに起きること

本章の前半では、歴史上まれに見る投機的なマネーが植物に流れ込んだ時代のエピソードとして、チューリップバブルや貴族たちがこぞって求めたランの花、大英帝国の政治と経済と文化を大きく変えた東洋の茶を巡るエピソード、続いて大航海時代の核心に迫るスパイス、ドラッグ、フレーバー、タバコを巡るエピソードを、さらに熱帯に出て行った西洋人が遭遇した新たな病気と、それに対応する為に現地の人々から学んだ植物の毒を賢く利用する知恵についてのエピソードを綴る。後半では、産業革命の始まりとともに世界の海での覇権争いの主導権がイベリア半島の二国から大英帝国に移った時代に起きた、近代植物科学の発展の様子や産業革命によって誕生した染色技術によって、主要な工業製品となった繊維の需要を支えた植物たちにも焦点を当てる。章末では、本章の隠れたテーマでもある西洋で起きた日本ブームと芸術の世界で生まれたジャポニズムを植物をキーワードに読み解き、東西の垣根が取り払われた時代を締めくくる。

N.45.

J. Sollerer pinx.

Mansfeld fe.

(155)

5章 近世・近代

134

植物が世界も経済も まわした大航海時代

20世紀後半は、米国NASAが主導する宇宙開発の時代だった。東西冷戦の背景もあり、西側を代表するリーダー国家の威信をかけ、科学技術の粋を集めて建造されたエンデバー号、ディスカバリー号、チャレンジャー号と名付けられた、スペースシャトルの打ち上げが相次ぎ、それを世界が注視した。宇宙開発は、国家レベルの予算を投入しないと不可能な一大事業である。そして大航海時代の大型帆船からなる船団の送り出しも、20世紀後半の宇宙開発に匹敵する国家による大事業であった。

大航海時代を支えた プラントハンターたち

当時、全くの未知の世界であった海の向こうへの新航路の開発や、地理の探索のための航海は、国家の威信をかけた一大事業であり、スペイン、ポルトガルが先鞭をつけて成功した。遅れて本格的な世界航路の開発に参入した大英帝国は、18世紀から19世紀にかけて当時の科学技術の粋を集めた大型の帆船(後期は蒸気船を兼ねるもの)を建造・購入し、女王の名のもとで編成された船団を世界の海に送り出した。すなわち大英帝国の威信をかけ、クック船長のエンデバー号にはじまり、ディスカバリー号、チャレンジャー号などと名づけられた帆船による探検隊が派遣され、やはり、それを世界が注視した。莫大な予算を

掛けて送り出された探検隊は、莫大な儲けが見込める新しい植物やスパイスを持ち帰ることでコストの回収をはかっていた。

植物採集は国家任務

17世紀から19世紀にかけてのヨーロッパでは、珍しい植物は、いつも遠い異国からもたらされた。そしてそれらは熱狂的なブームを呼んだ。多くは熱帯産であり、栽培に特別な施設を要したが、ヨーロッパと同じ温帯からもたらされた植物は、特に需要が大きく、市場でも高値で取引された。後述するチューリップバブルは、投機的な目的で特定の植物が常識を覆すような高値で売買される時代の幕開けでもある。その後も、他の植物が紹介されるたびにブームが起きた。チューリップ相場の次にやってきたのは、ヒヤシンス(ジャシンタ)相場。ヒヤシンスの価格は瞬く間に高騰し、生産が増加する頃に下落した。バラやランのようなアジアの生きた宝石ともいえる新品種が繰り返し、このような価格の乱高下のサイクルに加わり、植物市場は活況を呈した。

市場には、新しくもたらされた植物が一番高くなるという経験則があった。そのためイギリスの艦船には必ず植物の専門家が同乗し、植物採集の面で大きな成果を上げている。その意味で、ダーウィンを含む国営探検隊に同乗した植物学者達も国家が任命したプラントハンターである。

世界初のバブルの主役
チューリップ

DATA

チューリップ属　*Tulipa* L.（ユリ科・チューリップ属）
原産：トルコ・アナトリア地方／主な分布：園芸品種
が世界中で栽培されている

（156）チューリップ属には、50
〜114の種が存在すると言われ
る。野生のチューリップ（*Tulipa
sylvestris*）は全欧州と北米で
帰化しているが、人為的に運び込
まれたと考えられている

*Tulipa lutea ex nibro viridi
coccineo variegata.*

*Tulipa ex albo marginibus ru-
bescens.*

*Tulipa albicans margine
coccineo.*

*Tulipa floride pallens oris
coccineis.*

Tulipa ex flavo rubescens.

まるで宝石のような異国の花

バブル経済は現代の経済に特有の過熱現象と
思われがちだが、その歴史は古い。主要なもの
に世界恐慌の原因となった20世紀前半の米国
での株投資のブームと大暴落、「バブル経済」
の語源ともなった18世紀前半のイギリスの南
海会社泡沫事件、そして17世紀前半のオラン
ダでのチューリップバブルがある。

17世紀のチューリップバブル（チューリップ
マニア）は、世界初のバブル経済とも言われ、
歴史上まれに見る形で投機的なマネーが植物に
流れ込んだ時代のエピソードである。オスマン
帝国の園芸植物としてヨーロッパに紹介されて
間もないチューリップ球根の価格が短期間のう
ち異常な高騰を見せ、多くのバイヤーを巻き込

んだ頃に突然に下降した期間を指す。ピーク時
にはひとつの球根が熟練された職人の年収の
10倍もの価格で取引されたとされ、バブルが弾
けた際の価格の下落率は99.9999％という異
常値であった。

1980年代以降、経済学者らからは、これはバ
ブル経済ではなく、希少な農作物が共通して持
つボラティリティーと呼ばれる価格変動にす
ぎないという指摘も相次いだ。しかし、価格変
動が大きい他の農産物の平均的な年間下落率
（40％）とチューリップの下落率を比べると、相
対価格比が6万倍も異なる。ボラティリティー
という言葉では簡単には説明できないとする指
摘もある。

5章 近世・近代

（157）花の女神フローラが手にする
チューリップに群がる人々が描かれた
チューリップバブル期を風刺した版
画。現物ではなく紙のやりとりである
先物取引で行われたチューリップの売
買は、「風の取引」とも呼ばれていた

（158）この時代にもっとも高値で取引され
たといわれる、センベル・アウグストゥス
（無窮の皇帝）と名付けられたチューリッ
プ。花びらに縞模様が入った品種はブロー
クンと呼ばれ、特に高値で取引されたが、
後にこの縞模様はアブラムシが媒介する
ウィルスによるものだとわかった

先物取引とデリバティブ

　チューリップバブルの背景には、オランダでの
チューリップ球根の取引に際して、現物はなく
ても信用取引によって「未来の価格」で球根の
売買を済ませてしまう、先物取引が定着してい
たことがあげられる。

　17世紀のオランダでは、現在と異なり南半
球からの商品がまだ市場に並んでいなかったた
め、明確な季節性があった。チューリップの球
根が出荷されるのは6月から9月の限られた期
間。4月から5月の花が咲いた後で球根を収穫
し、また9月を過ぎると植え付けの時期となる
ためである。先物取引は、実際の収穫時に球根
の暴落が起きても買い手は契約通りの価格で購
入する必要がある。買い手からすれば非常にリ

スクが大きいが、買い手のグループが政治家に
働きかけ、球根相場が暴落した場合は一定の手
数料さえ支払えば球根の購入を取りやめること
ができるという選択肢を法制化してしまった。
先物取引のリスクを回避できることになったこ
とで買い手が高額での契約を躊躇する理由がな
くなり、チューリップの球根はバブルが弾ける
まで上がり続けることとなった。

　なお農産物の「未来の価格」をあらかじめ可
視化するための、世界で初めての組織的な試み
は、1730年に大阪の堂島米市場で始まった米
の先物取引である。これは、穀物の先物取引の
初めての事例ともいわれる。

ヨーロッパの貴族を
魅了したラン

DATA

カトレヤ *Cattleya labiata* Lindl.（ラン科・カトレヤ属）
原産地：中南米／主な分布：現在は、観賞用に世界中で栽培

（159）ドイツの生物学者エルンスト・ヘッケルが『生物の驚異的な形』の中で描いたラン科の植物群。ダーウィンと同じく、進化を考える研究者はランに大きな関心を寄せている

荷物の中に咲いた一輪のカトレア

　発泡性の樹脂が利用されるようになる前は、植物を梱包材として使うことがよくあった。牧草であるクローバーの和名がシロツメクサやムラサキツメクサとなったのは、梱包材となる草、つまり「詰め草」だったからである。英国人のプラントハンター、W. J. スウェインソンは、1818年にブラジルで収集していた大切な熱帯植物をリオデジャネイロからロンドンまで送った際、あまり大切ではなさそうな寄生植物を詰め草として詰めこんだ。荷物がロンドンに届いたとき、詰め草の一つが花を咲かせていた。これが、ロンドンの人々がカトレヤ属の花を見た最初である。

　この花の衝撃的な美しさは、ヨーロッパ中に蘭フィーバーを巻き起こし、欧州各国から一攫千金を狙うオーキッドハンターたちが武器を手にして南米、アフリカ、東南アジアの熱帯の奥地へ、より危険な前人未到の地へと吸い寄せられていった。猛獣との遭遇、遭難、水難事故、感染症、現地人とのトラブル、ライバルとなるハンター同士との衝突などにより多くの死者が出る事態になった。アルバート・ミリカンも危険を顧みずオーキッドハンターとなった人物の一人であるが、彼は、ペインターであり、文字も書いたため、彼の遠征の記録を冒険小説『オーキッドハンター』として出版している。彼の記録は当時のそのような熱狂ぶりを今に伝えてくれる。

（160）ホウテが創刊した『ヨーロッパの温室と庭園の植物誌』より。同誌では、全23巻を通じて2000種類の植物が色刷り版画とともに紹介されている

READY TO ENTER THE FOREST.

（161）アルバート・ミリカンの「オーキッドハンター」（1891）より、完全武装して森に入るオーキッドハンター。護身用にナイフ、舶刀、リボルバー、ライフルを準備していたとの回顧録もある

ランがほしい! それは、最上級のステイタス

　フランス文学者、鹿島茂の名著に『馬車が買いたい』という書籍がある。19世紀フランスの小説に登場する青年達には、共通して馬車がほしいというステイタスへの憧れがあった。同じく19世紀ヨーロッパの富裕層が抱いた一段上のステイタスは、温室の所有だった。これは、馬車の所有よりも入手が困難な、最上級のステイタスだったと言って良い。その温室で栽培するのが、熱帯性の植物やオレンジのような温暖な地域で生育する植物である。中でも人気があったのが、植物の宝石とも言えるランである。

　このような「温室がほしい」という貴族達の夢を叶えたモデルとなる人物にベルギー・ヘント市のファン・ホウテ（ヴァン・ウット、1810〜1876）がいる。ホウテはもともとはただの園芸愛好家だったが、1832年に、仲間と共に学術誌であり園芸に関する情報誌でもある『ベルギーの園芸』を月刊誌として発行。自らプラン

トハンターとして2年ほどブラジルに渡っている。その後、熱帯の植物を持ち帰り、種子や苗を販売する目的で温室を備えた栽培園を開き、園芸学校も開いた。ホウテの事業は順調に拡大し、彼の栽培園で生育する植物などをカラーのイラストで紹介する、学術誌でもあり植物のカタログでもある『ヨーロッパの温室と庭園の植物誌』も刊行されている（1845-80）。

　シーボルトが日本から持ち帰った植物の大部分は、同誌の中に収録されている。これはシーボルトの育苗園がホウテに引き継がれたためである（ホウテ没後の1900年まで存続）。中でもシーボルトのランとして有名なのは、日本のエビネ（海老根蘭）の一種のキエビネであり、学名に *Calanthe sieboldii* が当てられている。ホウテの植物栽培事業は、最晩年の1870年の時点で栽培園の敷地面積は14ヘクタール、大型の温室50棟を持つまでになった。

紳士の国すら変貌させた
魔性のチャノキ

DATA

チャノキ *Camellia sinensis*（ツバキ科・ツバキ属）
原産地：中国南西部（雲南省）、ミャンマー、ラオス、ベトナムの国境に接する照葉樹林帯／主な分布：アジアの温暖な地域の広範囲に分布

（162）チャノキは、ツバキ科ツバキ属の植物。常緑の低木。野生の木には10メートル前後となるものもある。変種のアッサムチャはさらに高木化しやすく葉も大きい

茶を飲む風習を生んだ照葉樹林農耕文化

　植物学的にチャ、あるいはチャノキの葉と、いわゆる飲み物の茶とは同じではない。茶にはチャノキ由来の狭義の茶と、広義の茶がある。麦茶やハトムギ茶にようにローストした穀物から抽出される飲み物や、チャノキ以外の植物の乾燥した葉から抽出した飲み物も含めて、広義には茶とされている。

　世界的に見て、茶を飲む風習は、圧倒的にインド北部から東アジアまでの照葉樹林農耕文化圏に多い。インド東北部のシッキム州では、ブルーベリーの一種であるツツジ科スノキ属の植物や、同じくツツジ科のアセビ属、シラタマノキ属の植物、カエデの仲間のオカラバナなど多くの植物が、いわゆる茶として愛飲されてい

る。隣接するブータンでもツツジ科ツツジ属の植物が、茶の代用にされている。3,200年を超えるチャノキの古木、香竹菁大茶樹が発見されている中国雲南省でも、本来の茶であるチャノキにはじまり、近縁のツバキの仲間、リンゴ属、ナシ属、トキワサンザシ属、シモツケ属、さらにクワ、シダレヤナギ、ガマズミ属（アマチャ）、ヒマラヤタマアジサイ（アマチャ）が、伝統的に茶の代用、あるいは茶として飲用に利用されている。照葉樹林農耕文化圏の人々は数ある植物の葉から、リラックスできる薬理作用を持つものを選び出し、楽しむ風土を育んできたようだ。チャノキもそのなかで見出されたのだろう。

5章　近世・近代

THE "BOSTON BOYS" THROWING THE TAXED TEA INTO BOSTON HARBOUR.

（163）1773年12月に起きたボストン茶会事件はアメリカ独立革命の象徴的な事件の一つである。インド人に扮したボストン市民が英国の船に乗り込み「ボストン港をティーポットにする」と叫びながら、茶箱を海に投げ捨てた

茶の虜となった英国の暴挙

　江國滋や林望など、英国通の作家が連名で書いた『イギリスびいき』という本がある。英国という国は、留学や旅行を通じて人々を「英国びいき」に変えてしまう文化の力を持つようだ。そういう筆者も「英国びいき」を宣言してはばからない。しかし英国と茶をめぐるいくつかの事件は、どう見ても英国が悪い。特に19世紀前半のアヘン戦争は、茶の貿易が発端となったとして、戦争さえも引き起こす「茶の魅力（魔力）」に焦点が向けられることもある。しかし一連の行動を見ると、悪いのは、茶ではなく、英国である。

　中国大陸の茶が最初に欧州に渡ったのは、オランダと明国との貿易によるものである。当時、明の後継国、清国との茶の貿易を独占していたオランダに対し、英国は茶を直接産地から輸入するために戦いを挑んだ。これが英国が起こした一つめの茶をめぐる戦争である。重要な順に他の二つについても触れる。清国との茶の貿易を独占した英国は、茶を欲する爆発的な需要増大に対応した結果、貿易赤字が莫大な額に陥ってしまう。英国は常習性のある茶に対するカウンターとして真性のドラッグ・アヘンを清国に輸出し、貿易赤字を解消した。清国側のアヘンの禁止を武力によって阻止し、この不名誉な戦争に勝利した英国は、アヘンを自由に売る権利と香港を手に入れた。時代が前後するが、もう一つの戦争がまさしく茶の名を冠したボストン茶会事件に端を発する米国の独立戦争である。植民地・米国で消費される紅茶に課税するという英議会の決定に対し、移住者達の反発はすさまじく、一部の市民がボストン港湾で反英の狼煙を上げた。こういった茶をめぐる事件を振り返ると、もしかしたら欧州に伝えられた茶は常習性のあるドラッグなのではと勘ぐってもしまう。英国人も砂糖を入れた甘い紅茶の魅力を知り、茶のために戦いも辞さない国へと変質してしまうほどに茶は魔力を持っていた。

FLORE D'AMÉRIQUE.
Collection de Fleurs et Fruits des plus remarquables &c.
De grandeur naturelle.

N°82.

LE CHOCOLAYER.
(Cacao) Caracas theobroma.)

Du fruit de cet arbre précieux on fait le chocolat, il est très nourrissant; de ses fèves
on en extrait aussi du beurre dont on se sert avec succès pour guérir les douleurs rhumatismales.

A Paris, chez Denisse, M.Royale, 1.

D'après nature par E.Denisse.

5章　近世・近代

(164)

ヒトの感性を刺激する
ドラッグ、スパイス、フレーバー

　植物は、薬効成分の宝庫である。それは、植物が生存に絶対に必要なもの（主要代謝産物）だけでなく、何のためになるのかわからない多様な物質群（二次代謝産物）を大量につくるからである。今なお多くの植物の成分は、その効果の発見を待っている。古代の医学大系は東西を問わず、野山の薬草についての知識体系が基礎となっている。西洋ではヒポクラテスのハーブの医学が発展し、生薬の標本園としての植物園が生まれ、植物学が発展した。東洋でも多くの薬効を持つ植物（生薬）が見出され、さらに複数の生薬を症状に合わせてブレンドするレシピが編み出されて製剤として処方もされる。現在は利用されなくなったものも含め、生薬の数は数百種に及ぶ。

植物の二次代謝産物とドラッグ

　薬効成分をドラッグと言い換えれば、いくつかの意味にとれそうだ。病気の治療、予防、症状緩和などに使う医薬品と、チャノキのページでも触れた向精神薬としてのドラッグである。どちらの意味のドラッグも植物の成分が利用されるケースが多くある。ニコチンのように神経毒であっても濃度によっては向精神薬として働くものや、キナノキ由来のキニーネのように病気に対する特効性を示すものもある。植物がつくるアルカロイドなどの二次代謝産物は、構造も活性も多様で役に立つものも多い。い

つも処方されている薬剤や薬局で購入している薬も植物由来のものかもしれない。

味覚とスパイスとフレーバー

　4章冒頭で古代中国が生み出した五行の概念に触れたが、この考えは、医の領域にも適用され、漢方薬の効果も五行に割り当てられている。東洋医学で興味深いのは、鹹味、酸味、苦味、甘味、辛味といった味覚と、薬効を持つ植物を、五行を通じて重ね合わせる点である。味覚と植物由来成分の話はスパイスやフレーバーの本質にも通じるように思える。人がコーヒーや茶を飲む時、風味を楽しむだけではなく、眠気を覚ます、気持ちをすっきりさせるといった目的の場合も多い。植物の成分が我々の感覚を刺激するということは、それら成分（化学物質）に対する受容体が我々の細胞に備わっているはずである。その意味でスパイスの多くも単純に腐敗防止や臭み消しの意味を超え、特定の受容体を刺激する化学物質を含んだ植物と言えるだろう。

　そもそもスパイスやフレーバーとは、何なのか。あまり一般的でない定義かもしれないが、ここではどちらも味覚に関係する受容体を効果的に刺激する分子を多く含有する食材と定義したい。もちろん味覚以外の神経系に作用するドラッグとしての効果を持つスパイス成分も多数知られるが、ここでは効果を区別して考える。

5 章　近世・近代

欧州が惚れたスパイス
サフランの魅力

DATA

サフラン *Curocus sativus*. L.（アヤメ科・クロッカス属）
原産地：クレタ島やイラン高地／主な分布：イラン

（165）右がサフラン。1kgの乾燥サフランを集めるためには、約6万本の花が必要となる。サフランは現在も1kg、1万ドルで取引され、黄金よりも高いとも評される

高価で希少なスパイスを求めて

　歴史上、欧州諸国を大航海時代へと突き動かした原動力は、スパイスへの希求だとも言われる。1519年に5隻でスペインを出航したマゼラン艦隊のうち世界一周後に帰国したのは僅かに1隻だけだったが、クローブを積み込んでの帰港は凱旋と見なされた。大航海時代には、インドで買い付けたコショウがヴェネツィアに来る頃には18倍の価格に膨れ上がるなど、スパイスは高価格帯で取引されていたという。

　サフランは、世界で最も古いスパイスとも言われ、その栽培の歴史は長く、すでに原種と言える初期の植物は絶えている。サフランの起源には複数の説があるが、最も有力な説が青銅器時代のクレタ島（ミノア文明）起源説で

ある。本稿では、紀元前3,500年以上前にイランからクレタ島までをつなぐ長いベルト地帯に近縁の2種（*C. cartwrightianus* および *C. thomasii*）が自生し、そこからめしべの長いものが選抜されてサフランができたと理解しておく。

　サフランはもっぱら着色を目的とし、刺激の少ないスパイスである。その第1の魅力は、カロテン類とクロシンを主成分とするその色にある。サフランの最も古い文字の記録であるホメロスの叙事詩でも染料としての記述がある。ミノア文明では、高貴な女性のみがサフラン染めの衣を身につけることができたようだ。

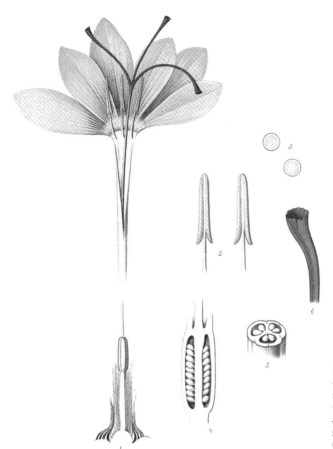

（166）長く伸びる3本の赤いめしべの柱頭と花柱を乾燥させたものがスパイスになる。三倍体で種をつくれないため、繁殖はすべて人為的な球根の植え付けにより、紀元前から世界に拡がったサフランはすべてクローンである

ヒトを呼び寄せるサフランの謎

　サフランとは、いくら考えても不思議な植物である。種子をつくらないのに、種子のための器官（花）をどの部位よりも先に発達させ、葉の成長は二の次である。受粉する必要がないサフランは、いったい何のために特徴的な赤く長い3本のめしべをさらすのか。

　サフランに呼び寄せられたのは昆虫ではなく、有史以前のヒトだったようだ。ヒトは種子で増えないサフランを増やすために働いて、地中海からイラン高地までを花で満たし、今では世界中にサフランを広めている。古代の地中海文明では、サフランは宗教の影響のもと、心理的・精神的な感受性とも結びつけられていた。今ではサフランには多くの薬理効果があることがわかっている。カフィーらによると、1、2世紀前の富裕層の間では、サフランを過剰に取ることによりアヘンの代替効果が期待されていたと言う。サフランには心理的な問題解決の手段という意味合いがあったのかもしれない。

　近年、サフラン主要生産国であるイランの科学者を中心に、サフランおよびサフラン抽出物と心の健康に関する臨床研究が進展している。特に、①うつの改善、②強迫性障害の改善、③注意欠陥・多動症（ADHD）の改善、④アルツハイマーの予防・症状改善に関して、有意な結果を報告する研究事例が多く出ている。これらの効果はサフラン抽出成分が示す、神経細胞におけるドーパミン再取り込み阻害効果、NMDA受容体拮抗効果、GABA受容体作動効果などとの関連が指摘されている。こういった薬理作用こそが、古来よりヒトを惹きつけてきたサフランの本当の魅力なのかもしれない。

新旧世界邂逅の不健康な証
タバコの歴史

DATA

タバコ属　*Nicotiana* L.（ナス科・タバコ属）
原産地：南米熱帯域
代表的な種：*Nicotiana tabacum* L.

Tabacum latifolium.

(167) タバコ属には野生種が64
種あるが、栽培種は、通常のタバ
コ（*Nicotiana tabacum*）とワ
イルドタバコとも呼ばれるマルバ
タバコ（*Nicotiana rustica*）2
種のみである。イラストの現在は
タバコの1品種（*latissima*）と
して知られる系統

万能薬として広まったタバコ

　新大陸の発見以降、世界の農業を大きく変え
たのはジャガイモ、トマト、トウガラシなどの
ナス科植物である。これに加えて、タバコも人
類の歴史に大きな痕跡を残した南米原産のナス
科植物として扱いたい。タバコは有毒なアルカ
ロイドを蓄積する危険な植物であるにも関わら
ず、嗜好品として新旧世界の邂逅と同時に世界
に拡がった。

　コロンブス以前に南北米大陸で普及し、栽培
化されたのも、コロンブス以降の欧州への急速
な伝播も、タバコが精神に与える「リラックス
できる」「集中力が高まる」「目が覚める」といっ
た効果が顕著だったためといえる。1560年前
後にポルトガルでタバコを目にしたフランス公

使のジャン・ニコは、タバコの有用性を感じ取
り、自ら薬草園で栽培した。そしてフランス宮
廷にも献上して、カトリーヌ・ド・メディシス
の頭痛を嗅ぎタバコで治療したと言われてい
る。この人物の名がニコチンというアルカロイ
ド名にも、タバコの属名のニコチアナにも残っ
ている。

　タバコの医学的な作用を広めたのは、スペイ
ン南部セビリアの医師ニコラス・モデリナスで
ある。やはり自ら栽培し、1571年にその薬効
を『薬草誌』の中で報告し、タバコを万能薬と
形容した。この著書がその後約200年間、欧州
各国で翻訳され版を重ねた。

（168）タバコはきれいな花を咲か
せるため鑑賞用の潜在的な需要も
あり、大気汚染のモニタリングに
も利用できる。近年の法改正で鑑
賞用途のタバコの自家栽培を禁止
する法律は日本には存在しない

タバコ細胞が喫煙をしたらどうなるか

　ヒトの脳内にはニコチン受容体があり、ニコ
チンにより快楽感を担うドーパミン、覚醒を促
すノルエピネフリン、気分を落ち着かせるセロ
トニンなどの神経伝達物質が分泌される。この
ような薬理作用とは別にタバコには健康への害
への懸念が付きまとう。1585年に北米バージ
ニアの探検に参加した技術者兼通訳のトマス・
ハリオットは、「バージニア報告」の中で、現
地の人々がパイプでタバコの煙を吸引する習慣
を持つことを紹介した。自らも喫煙を始め、病
みつきになったが、後年、鼻のがんで命を落と
しており、近年、喫煙との因果関係が疑われる
ようになった。

　実際にヒトの肺の培養細胞をシガレットの煙
に曝すと死滅することを筆者らも確認してい
る。細胞を死滅させる成分は何だろうか。ニコ

チンの影響が大きすぎて、燃焼により生じる毒
性物質の効果が見えにくくなっている可能性も
ある。そこで筆者らは、植物であるタバコに喫
煙させたらどうなるかという実験を行った。自
らがニコチンを大量に作って蓄積するタバコの
細胞なら、シガレットの煙にも耐えるだろうか。

　結果は、タバコの細胞も煙に暴露させると死
滅してしまった。詳細な分析をしたところ、タ
バコの葉の燃焼でできる一酸化窒素（NO）が細
胞死の引き金になっていることが分かった。
なお、タバコは長年重要作物であったこともあ
り、多くの植物研究者が実験材料としてきた。
特に有名なのが、専売公社時代につくられた培
養細胞（BY-2系統）であり、半世紀以上も世界
中の研究機関で培養され、植物のモデル細胞と
なった。

ドラッグをめぐるストーリー
ケシ、アサ、コカノキ

DATA

ケシ *Popaver somniferum*（ケシ科・ケシ属）
原産地：地中海（ギリシャ）や東ヨーロッパが想定されている／主な
分布：大航海時代以降、世界各地に栽培地が拡大
アサ *Cannabis sativa* L.（アサ科・アサ属）
原産地：中央アジア（最新説ではチベット高原）／主な分布：古く
から世界各地で栽培
コカノキ *Erythroxylon coca* など（コカノキ科・コカノキ属）
原産地：南アメリカ／主な分布：世界の熱帯に広く分布

(169) ケシの未熟果に傷をつけて出
てくる乳液からアヘンを摂る。アヘ
ンから精製されるモルヒネは、麻薬
であると同時に鎮痛・鎮静材として
医療用途で必要とされる

貿易の種とされたケシの実

　大航海時代以降にはドラッグを取り巻く大き
な変化があった。貿易を主導する西洋の列強国
による三角貿易が定着したことである。三角貿
易とはドラッグの原料となる植物を東南アジア
やインド、あるいは新大陸で大量に栽培・加工
を行い、別の一大消費地で売りさばくビジネス
モデルである。西洋列強は本国では植物の栽培
もドラッグの消費もせず、貿易にのみ専念し
た。代表的なアヘンの三角貿易（英国、インド、
清国）が招いたアヘン戦争についてはすでに触
れたが、悪名高いアヘンの原料はケシである。

　ケシも古代ギリシャで植物学を創始したテオ
プラストスが記録し、名づけた植物の一つであ
る（属名Popaver）。ギリシャの考古学者アス
キトポロらによると、古代ギリシャのミノア文
明では、ケシを栽培して種子を食用に、そして
ドラッグとして利用した痕跡が見つかっている
という。痛みや苦しみを忘れる薬として、長じ
て至福をもたらすドラッグとして、古代ギリ
シャのみならず複数の古代文明でケシを利用し
たと見られる資料が残されている。

　アヘン戦争の前後よりイギリスはインドで栽
培したケシの実から成分を絞り、本格的にアヘ
ンを製造した。アヘンの主成分は、常習性のあ
るモルヒネである。ケシはより危険なドラッグ
へと変貌を遂げ、東西の海を渡り、世界へと拡
散されていった。

(170) アサの実（種子）は、栄養学的にも優れたタンパク源であり、食用油脂の供給源である。特に ω-3 脂肪酸である α-リノレン酸（および希少なステアリドン酸）の含有量が高い

ドラッグになるアサと食用と繊維にもなるアサ

　成長の早いアサ（*Cannabis sativa*）は、古来から食用や繊維用途で栽培されてきたが、原産地については議論が続いている。従来は中央アジア周辺が原産とされてきたが、花粉化石の分布から、1,960万年前のチベット高原で近縁種からアサが分化し、欧州方面（600万年前）と中国方面（120万年）へと拡散したと考えられるようになった。栽培化された考古学的な証拠で最も古いものが日本の事例（10,000年前、千葉、食用）で、中国河南省の事例（7,850年前）がそれに続く。

　食用や繊維とは別に、アサは強い薬理作用を持つことでも知られる。アサの花や葉を乾燥させたものが大麻（マリファナ）であり、樹脂化したものや液化したものもある。薬理作用を持つアルカロイドは、カンナビノイド類とよばれ、中でもテトラヒドロカンナビノールが主成分である。この物質は、脳内の受容体（カンナビノイドCB1受容体）を刺激し、鎮痛、快楽、幻覚、鎮静、抗不安などの薬理作用を誘導する。一方、上記の受容体を刺激する物質は、どのようなものでも精神依存性と幻覚作用を回避することが困難であり、医療用途での利用にたいして慎重な意見も多い。特に常習的な使用により脳の萎縮のリスクが高まることが懸念されている。受動喫煙者も同様のリスクにさらされることを付け加えておく。

Fig 4.　Red Poppy.　(Papaver Rhœas).

(171) ケシは特徴的な赤い花を咲かせるが、観賞用の品種には、白、ピンク、黄色、オレンジなど
様々な色の花を咲かせるものがある。なお観賞用品種であってもアヘンを産生するものも多い

7334

（172）南米では、コカの葉を日常的な茶として飲む習慣がある（コカ茶）。特にボリビアなどの高地では、高山病対策にコカ茶が利用されてきた歴史的な経緯もある

麻薬と扱われる前のコカノキの活躍

コカノキも古くから利用されてきた天然の興奮剤といえる。古代インカ帝国の人々はアンデス山脈の高地環境に対応するために、コカの葉を噛んでいたという。スペイン軍がペルーを侵略した際、強制労働者であるインディオたちにコカの葉を与え続けたという記録も残る。コカインの主成分であるコカノキであるが、コカの葉自体はコカイン濃度が薄く、依存性や精神作

用はコカインと比べて低い。

一方、コラノキ（コーラノキ）という植物もある。アオイ科コラノキ属の植物群で、アフリカの熱帯雨林に250種ほどが自生している。カフェインを多く含む果実、コーラナッツが嗜好目的で好まれることから、古くから栽培化もされている。コーラの実の実物がヨーロッパの人々に知られるようになったのは、17世紀で、奴隷と共に西アフリカから南米に拡がったコーラノキがジャマイカで「発見」されて以降とされる。さてコカノキとコーラノキ、これらの植物の名前から容易にコカ・コーラという世界的に流通している清涼飲料を連想してしまうが、販売当初は実際、原料にこの二つの植物の成分が商品に含まれていたらしい。コカ・コーラが発売された1886年頃、コカインは麻薬とは考えられておらず、コカ・コーラもうつ状態を改善し、活力を与える薬として販売が試みられたという。当時について記した文献を読むと、コカイン歯痛ドロップや花粉症パウダーなど、米国の人々が気軽にコカインを利用していた様子が記されている。同時に薬物中毒の患者ももちろん大量に発生しており、アルコールとドラッグの中毒者の治療のためのサナトリウムなどが米国南部に登場したことも記されていた。薬かドラッグか。ケシ、アサ、コカノキをめぐるストーリーは、人類が植物由来の成分を見つけ出した混乱期の歴史である。なおコカ・コーラの原料であったコラノキの方は、今日でも、ナイジェリアでは現金収入を得るための重要な作物と位置付けられている。

植物の毒を身にまとう
優雅な蝶と、熱帯の知恵

DATA

キナノキ属 *Cinchona* L.（アカネ科・キナノキ属）
原産地：南米／主な分布：南アメリカ、東南アジア
ホウライカガミ *Parsonsia barbata*（キョウチクトウ科・
ホウライカガミ属）
主な分布：世界各地の熱帯から亜熱帯地域

（173）キナノキはキニーネを含む
24種のアルカロイドを含有する。
「トニック」とはキニーネ水のこと
で、イギリス人がインドを政治的に
支配できたのはジントニックを飲む
習慣があったためだという説もある

猛毒を味方につけて生き抜く蝶

チョウの中には、天敵から隠れるでもなく、優雅に飛び回る種がある。なぜそのようなのんびりした種が生態系の中で生き残ってこられたのか不思議に思えるが、そういった種には天敵に襲われないための秘策がある。優雅な蝶の一種にオオゴマダラがいる。オオゴマダラは、東南アジアから日本の南西諸島までの熱帯から亜熱帯域に生息する大型のチョウで、その幼虫は、キョウチクトウ科のホウライカガミ、あるいは同科ガガイモ亜科イケマ属の植物を食草とする。

これらの植物は、多くのキョウチクトウ科の植物と同様に、強い毒性を示すアルカロイドを含んでいる。落ち葉などを食べた家畜が死亡す

る例があるほど強い毒だが、オオゴマダラの幼虫はこの成分に対して感受性を持たず、むしろ積極的に毒素を体内に溜め込んで長期間保持する。食草を食べなくなった成虫にもホウライカガミ由来のアルカロイドが含まれており、それは蝶を食べた動物に対して致死効果を示すのに十分な量である。このことを学習した鳥などの天敵たちはオオゴマダラを襲うことはない。実際は天敵が本当に学習したのか、学習能力のない天敵が淘汰されたのか、アルカロイドの存在を検知し忌避する能力があるのかについては、不明である。しかしホウライカガミが持つ毒が、オオゴマダラを守っているのには違いない。

5章　近世・近代

（174）オオゴマダラを飼育するためには、食草であるホウライカガミを1年を通じて栽培する必要がある。写真は、熱帯生態温室のオオゴマダラ（北九州市グリーンパーク）

（175）18世紀に出版されたロンドン薬局方にもキニーネが登場する。フランス語版なのでキンキナ（*Quinquina*）と表記されているが、英語では、イエズス会の樹皮やペルーの樹皮と呼ばれている

毒も薬に。人類最初期の成功例、キニーネ

　植物に含まれる毒（アルカロイド）を体内に取り込み、天敵や病害虫から身を守るのは蝶だけではない。熱帯の森に暮らすペルーの先住民族も、植物のアルカロイドを利用して危険なマラリア原虫から身を守る方法を知っていた。その薬効成分は、キニーネと呼ばれるアルカロイドで、マラリア原虫に対して特異的に毒性を示す特効薬であり、第二次大戦やベトナム戦争でもジャングルの中の兵士をマラリアから守った成分である。

　キニーネの原料となる主要な種の一つには薬用を意味するオフィキナリスの小種名がつけられている（*Cinchona officinalis* L.）。植物学者リンネはこの薬効のある木をペルーから持ち帰った人物、スペインのペルー総督の妻のチンチョン伯爵婦人の名にちなんで学名を記載したことになっているが、スペルも間違っているし、その人物についても誤情報が多く、キナノキの薬効が発見された経緯には不明な点が多い。言い伝えとして、アンデス高地の森の中で

道に迷い、おそらくマラリアでと思われる熱病に倒れた少年が、当時は毒の木と恐れられていた木の樹液を含んだ苦い水を飲んで奇跡的に回復し、自力で村にたどり着いたというエピソードなどが残っているという。

　実際の起源は不明でも、1630年頃にはイエズス会の宣教師の間では、熱病の治療に使われていた記録がある。キニーネは植物アルカロイドを病気の治療に利用した最初期の成功例であり、しかも4世紀近くもの長い期間利用されてきたことになる。他の生物由来の毒素を体内に取り込み、病原微生物から身を守るというペルーの森の人々の知恵は、微生物からの抗生物質の発見にも通じる考え方と言える。世界の様々な植物がつくるアルカロイド類やその他の二次代謝産物には、まだまだ構造も生理活性も、代謝経路も明らかになっていない未知の物質があると考えられている。これからも植物由来の新規の薬剤や生理活性物質が発見されるであろう。

カフェ文化を牽引した
コーヒー、カカオ、バニラ

DATA

コーヒーノキ *Coffea arabica* L.など（アカネ科・コーヒーノキ属）
原産地：エチオピア南西部の高地／主な分布：プランテーション作物と
して世界に拡大

カカオ *Theobroma cacao*（アオイ科・カカオ属）
原産地：中央アメリカから南アメリカにかけての熱帯／主な分布：プラン
テーション作物として世界に拡大

バニラ *Vanilla planifolia*（ラン科・バニラ属）
原産地：メキシコ、中央アメリカ／主な分布：プランテーション作物とし
て世界に拡大

（176）コーヒーの覚醒成分カ
フェインは、1819年に文豪ゲー
テからもらったコーヒー豆を分
析したドイツの科学者フリード
リーブ・ルンゲが発見した

コーヒーから始まったカフェ文化のカカオ革命

　パリのサン・ジェルマン・デ・プレは、現在
もおしゃれなカフェが建ち並ぶ地区である。こ
の土地に現在のカフェのモデルともいわれるカ
フェを、1686年に開いた人物がいる。シチリ
ア生まれでフィレンツェ育ちのフランチェスコ
（仏語ではフランソワ）・プロコープである。
17世紀といえば、トルコから欧州にコーヒー
が伝わった時期である。新しいもの好きなパリ
ジャンが集まった場所だったのだろう。なお、
この店は現在もパリのサン・ジェルマン・デ・
プレで営業を続けている。

　時代は進み、手元にある書籍から推測する
と、1861年頃のパリのカフェ、サロン・ド・
テでは、紅茶とコーヒーに加え、チョコレート
が飲み物およびデザートとして好まれるように
なってきていたようだ。これはカカオ革命と
いっても良い、1828年のココアの発明による
効果だと思われる。カカオからココアバターを
取り除くことで飲み物に溶けやすいココアが
誕生した。取り除いた方のココアバターはど
うなったかというと、第2のカカオ革命である
チョコレートの発明へとつながる。これは、
1847年のこと。1869年代前半のパリでは、チョ
コレートを飲み、食べる文化が定着していたの
だろう。

(177) 18世紀のロンドンのコーヒーハウスの様子。なお1920年代に入ると、ロンドンではチョコレートを使ったデザートを自宅でもつくれるようになり、カフェ文化は一般家庭の中にも普及していく

Epidendrum Vanilla.
Vanillie.

(178) バニラは、メキシコあるいは中央アメリカが原産とされるが、現在はマダガスカル、インドネシア、パプアニューギニアで世界の約8割が生産されている

バニラの魅惑の香りは、牛からもつくれる？

19世紀中盤に花開いたカフェ文化に影響を与えたもう一つの植物に、バニラがある。魅力的な香りをつくるこの植物の存在を、コロンブス以前の欧州は知らずにいた。しかし原産地である新大陸では、タバコのフレーバーや、カカオ飲料の風味づけに利用されていたという。欧州に紹介された後も、南米から移植したバニラは栽培法が確立せずに流通量が限られていたが、1841年、フランス領レユニオン島でバニラの人工授粉法が偶然「再発見」されたのを切っ掛けに生産が拡大。それに伴いフランスを始め欧州での需要がさらに拡大した。人々が足繁く通うカフェでは、ココア飲料、コーヒー、デザート、リキュールなどの嗜好品にバニラが香りを添えた。

香料としてのバニラは、バニラの種子を原料に発酵や乾燥を繰り返してつくり出す甘い香りがする化合物、のはずである。2007年のイグノーベル賞には、世界のバニラ好きの人々が驚かされた。その受賞テーマは、「牛の排泄物からバニラの香り『バニリン』を抽出した研究」だった。授賞式会場では、審査員らに「牛のバニラ」のアイスクリームがふるまわれた。動物の腸内でもつくれる芳香物質であることが判明したが、やはり本物のバニラのバニラビーンズを使った方法が効率的である。

155

産業革命前夜には
「薬」だった野菜、スパイス

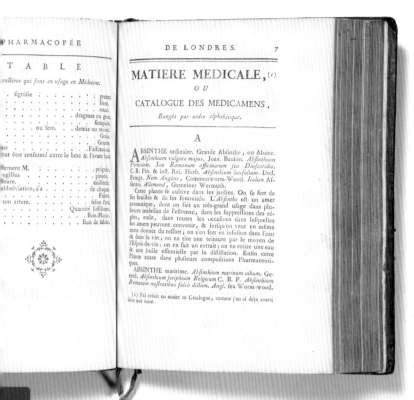

(179)『ロンドン薬局方』は英国王ジェームズ1世の命で1618年に発行したものが最初と言われる。その後も何度か版を重ね、ロンドン王立内科医協会（ロイヤルカレッジオブフィジシャン）で委員会を組織し、本格的に見直した1746年版以降のいくつかの補正を含めて第2版とする

18世紀の薬学の教科書

　人の体に刺激の強い植物を続けて見てきたので、ここで18世紀に出版された専門家向けの薬学の教科書、『ロンドン薬局方 第2版』（仏語版、1771年刊）を覗いてみよう。この本によって当時の医学で用いられていた薬の性質や組成が概ね理解できる。当時の薬は我々が西洋医学に持つイメージよりも、生薬を多用する東洋医学に近い。数多くの植物由来の生薬が掲載されている他に、動物や微生物、また無機化学の進歩も反映され、無機物も多く登場している。

　本書ですでに紹介した植物の掲載も多い。タバコやサフランも薬として登場する。サフランはアヘン・チンキの作成法のなかで、サフランを入れるべきかどうかの議論に登場する他、鎮静効果も紹介されている。オオゴマダラが「毒をまとう」事例と同じように、キョウチクトウ科ツルニチニチソウ属の植物とイケマ属の植物を摂ることにより寄生虫を駆除する方法も記載されている。イケマ属の植物は、テイム・ポイズン（毒を手なづける）」と呼ばれており、植物の毒をまとう知恵が共有されているのがおもしろい。同様に、マラリア原虫に対する特効薬キニーネの原料、キナノキの記載もある。4章に登場した、人類と関係の長いサイプレスの葉や針葉樹の樹脂も薬とされ、処方例が紹介されている。

gles, enfin, dans toutes les occations dans lefquelles
les amers peuvent convenir, & lorfqu'on veut en même
tems donner du reffort; on s'en fert en infufion dans l'eau
& dans le vin; on en tire une teinture par le moyen de
l'Efprit-de-vin; on en fait un extrait; on en retire une eau
& une huile effentielle par la diftillation. Enfin cette
Plante entre dans plufieurs compofitions Pharmaceuti-
ques.

ABSINTHE maritime. *Abfinthium marinum album*. Ge-
rard. *Abfinthium feraphium Belgicum* C. B. P. *Abfinthium
Romanum noftratibus falfò dictum*. Angl. fea & orn-wood.

(*) J'ai retiré en entier ce Catalogue, comme j'en ai déja averti
dans une note.

植物由来以外の登場する「薬」

○ **動物→**毒蛇（クサリヘビ）、トカゲ、ミミズなど

○ **微生物→**アガリクス（キノコ）

○ **生物以外→**鯨脂、黄色のコハク、緑青（銅の青錆）、暖炉の煤など

○ **無機物→**アルミを含むミョウバン、塩化アンモニウム、
　　硫酸マグネシウム、　硫酸鉄、硫酸銅、
　　硫酸亜鉛、アルカリでつくった石けんなど

本稿は左ページ写真の、1771年の仏語版を参照し、そこに登場する医薬品を紹介。
ロンドン薬局方はもともとラテン語であり、仏語版は英語版からの訳出となる

野菜もスパイスも「薬」だった

　現在では食材として扱われている植物も、多くが「薬」として捉えられていたようだ。例えば、米やピスタチオ、リンゴ、ワイン、ビネガー。岩塩や海塩、砂糖も薬としての顔を持っていた。野菜の種子の登場も多い。カボチャやキュウリのようなウリ科（発芽すると毒素を合成する）、レタスやスベリヒユなどの種子。プランテン（クッキングバナナ）の種子は、かなりえぐみが強いとも書かれている。種子を薬として食べる記述は、2章で紹介した、北欧の大地に2000年以上眠っていた男たちの胃から、多くの植物の種子が見つかった事例も想起させる。

　スパイスやハーブは、挙げればきりがない。アルファベット順に並ぶ医薬品の中で、初めのほうに掲載されているのが、ニガヨモギ（*Ansinthe*）、アンジェリカ（*Angelique*）、アニス（*Anis*）などである。フランス東部には、蒸留酒にキク科のニガヨモギとセリ科のアニスやアンジェリカ

を漬け込んだ、アブサンの名で広く知られる薬酒がある。他にスパイスとして知られている植物を挙げると、バニラやカカオ、セイヨウワサビ、マサラチャイの風味で知られるショウガ科のカルダモン、ムラサキウコン、カレーに入れるセリ科ヒメウイキョウ、タデ科のルバーブの仲間などがある。ビャクダン、ジンコウなど、インドで使われる香木も薬だった。

　花卉類で薬効があるものとしては、シクラメン（根が強い下剤）、マリーゴールド（防腐作用など）、スミレ（目や胃腸など用途が多い）、ハーブティーで知られるフレンチラベンダー（鎮痛、鎮静）などがある。バラは、花と実（ローズヒップ）が別の薬物として記載されている。漢方と重複するものとしては、カンゾウがある。また、漢方薬と思われがちなセンナも古くからアラビアで使われてきた薬草（緩下薬）として記載がある。

コショウに見る、
世界を駆けたスパイスの終着点

DATA

コショウ *Piper nigrum* L.（コショウ科・コショウ属）
原産：インド／主な分布：世界中の熱帯地域

（180）コショウは果実に辛味成分（ピペリン）以外に、強い芳香成分の精油を含む。ピペリンは紫外線に当たることで、より辛味の強い成分に変化し、精油には体を温める効果が知られている

大航海時代以前の世界の香辛料の伝播

　大航海時代の幕開けを時系列で語ると1492年のコロンブスのアメリカ大陸到達が先に来てしまうが、スパイス貿易を本格化させる契機になったのは、1498年のバスコ・ダ・ガマによる喜望峰経由の新航路開拓である。コロンブスの航海は、新旧世界間の人、物、植物の移動を加速させたが、バスコ・ダ・ガマ以前は、いわゆる旧世界であるアフリカ・ユーラシアでの東西間の断絶は大きかった。マルコ・ポーロのキャラバンに象徴されるように陸路のみの交流では、東西の交易のサイズにも限界があった。

　一方、アジアはその数世紀あるいは千年以上前から海上貿易網でつながっていたため、イン

ド産のスパイスが西のアラブ諸国にも東の日本にも届いていた。例として、インド原産のコショウに注目してみる。

　日本に古くからコショウが伝わり一般的になっていたことは、ケンペルの『廻国奇観』（第五巻）の中で日本の植物としてコショウが紹介されていることでもわかる。ちなみに、ケンペルによるコショウの綴りは、「KooSioo」である。インドから陸路と海路の両方で持ち込まれたと考えられる中国においては、コショウは唐代から健胃や去痰目的など、調味料ではなく「薬物」として利用されていた。

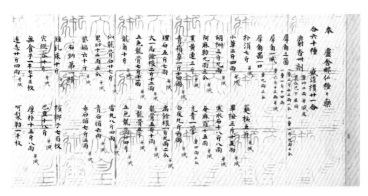

（181）正倉院に保存されている「種々薬帳」の一部。現在でも正倉院には、ここに記載されているもののうち40種類が現存する。コショウ以外には、漢方の生薬としてしられるダイオウ、ニンジン、カンゾウ、コウボク、ニッケイ（シナモン）などがある

（182）コショウの辛み成分であるピペリンは、ヒトの体内で薬物代謝（薬物を分解する働き）を阻害し、他の薬物の効果を高める働きが知られるようになった

正倉院に残る1200年以上前のスパイス、コショウ

　日本にもコショウは、まず薬物として伝わっていた。それは正倉院宝庫の北倉に現存する「正倉院薬物」の品目の一つとして、現存資料が残されていることからも明らかである。756年（天平勝宝8年）、孝謙天皇・光明皇太后からの東大寺大仏への献納品の中には、胡椒を含む60種の漢薬があった。これらの薬物は「種々薬帳」に品目・数量・容器が記されており、現存する世界最古の薬物資料であると言える。

　これらはもともと光明皇后の意思で貧しい病人へ施薬や治療をするためにと寄贈されたものであり、実際にどのように処方されて消費されたのかの記録も残っている。しかも現在でも40種類が正倉院に現存している。胡椒は処方の際にこぼれたものが薬塵として保存されており、無傷な粒の状態の胡椒も残っていた。昭和23年から始まった科学的な調査により、これが真性のコショウ（*P. nigrum* L.）の果実であることが確認されている。

　なお平成5年からの第2次調査では、現存している当時の生薬が現在も薬としての機能（成分）を有していることが確認され、不安定で分解されやすいと思われていた機能性物質が、1200年以上の保存に耐えうることが初めて明らかになった。

地球規模で旅した野菜のインパクト

(183)

大航海時代の前と後では、世界で栽培される作物の様相が一変した。日本で大きな変化があったのは、それより遅れ、幕末から明治にかけて開国の波の中で多くの外来作物を導入したタイミングだっただろう。それまでの日本は、主食である米をつくるために、水田での稲作が早くから完成されていた。稲作は、石高として税収・財政の単位にも取り入れられたため、重視されたが、野菜は、穀物ほど重視されていなかったと言える。

舶来の野菜と果物が日本にもたらした変化

平和な治世が続いた江戸期には、特に観

時、欧州と比較して半世紀遅れの産業革命によって始まった紡績業に合わせ、養蚕業も一変し、周辺の農業事情も大きく変わった。タバコの栽培もその頃より本格的に始められている。

　明治17年に出された『舶来果樹要覧』（1884）には、ブドウ、ナシ、イチゴ、オリーブ、他445種が紹介されている。日本に根付かなかった農作物も多い。その当時の書籍には新しい世界に適応しようとする農業関係者のトライアンドエラーの苦労が見える。結果的に、今日では、もともと日本で栽培されていた野菜を想像することさえ難しい状況になっている。

一種類の野菜が
国を変えることもある

　このように日本においては、一度に数多くの植物が伝播し、長く変化に乏しかった食文化に大転換を起こした。一方で世界に視点を移すと、たった一つの植物の到来により、それまでの食文化が、さらにはその国の文化の色までもが一変した事例もある。海から渡ってきた植物が、国のカラーを塗り替える。ここではユーラシア大陸の両端の半島国家であるイタリアと朝鮮半島（韓国）に伝わった赤い野菜をテーマに、そのような植物が持つ影響力を紐解いていく。

　日本については、いま一度、時代を遡り、外来植物の流入が相次ぐ以前の日本の野菜を振り返りたい。文字の記録と出土したものからの類推で日本での野菜作りの始まりについて考えてみる。

賞用の植物の分野において、国内にある遺伝資源を使って大変高度な水準での育種が行われ、数多くの芸術的な植物品種を作り上げた。しかし食用の作物に関しては、依然として変化は少なかったようである。しかし明治以降、堰を切ったように外来の作物が流入すると、国内の農作物および人々の食卓は瞬く間に変化していった。当

東西二つの半島を
真っ赤に染めた二つの野菜

DATA

トマト　*Solanum lycopersicum*（ナス科・ナス属）
原産地：南米アンデス山脈高原地帯／主な分布：世界中で栽培

トウガラシ　*Capsicum annuum* L.（ナス科・トウガラシ属）
原産地：メキシコ／主な分布：世界各地で栽培されているが、インドで突出

Poma amoris fructu rubro.

（184）南米ペルー・アンデス山脈を原産とするトマトは夏野菜として栽培されてきたが、温室で水耕栽培をすることで、欧米や日本でも1年を通した栽培と収穫が行われるようになった

国を象徴する色となったナス科植物の赤

　たったひとつの食材がその国の色を変えてしまうことがある。大航海時代以降、ユーラシアの国々にもたらされ、瞬く間に食材として定着したトマト、ジャガイモ、トウガラシ、トウモロコシなどの植物は、ごく短時間で旧世界の人々の食習慣を変化させてしまった。このような新世界由来の食材との接触、受容、定着という一連の経験は、旧大陸における料理の歴史を考える上で、またとないユニークなイベントであったことだろう。

　注目したいのは上に挙げた主要な新大陸の農作物のうち、トウモロコシを除いて、3種類がナス科植物という点である。ナス科には、主要な作物としてナス、ジャガイモ、トウガラシ（ピーマンを含む）、トマトがあるが、インド原産のナスを除いて、他はすべて新大陸原産である。本書で何度も確認することであるが、ヒトが食材として選んできた植物には大きな偏りがある。そういったなかでナス科は、ヒトがごく最近発見した有用な植物群と言える。ここではユーラシアの東西両端に位置する二つの半島における、二つのナス科植物の普及事例をとりあげる。イタリア半島を赤く染めたトマトと、朝鮮半島を赤く染めたトウガラシである。

（185）イタリアが統一国家を目指した
のは、19世紀で、それ以前は、サルデー
ニャ王国、パルマ広告、トスカーナ大
公国、シチリア王国など8か国に分か
れていた。画像は1860年ナポリに入
場する統一運動推進者ガリバルディ

（186）「イタリア料理」の誕生と関
連してよく言及されるのが、ペッレ
グリーノ・アルトゥージによる料理
書『料理の学とおいしく食べる技法』
（1891）。爆発的にヒットしたこの
本もトマトとパスタの組み合わせの
全国的な普及に働いたという

18世紀、イタリアは赤を受け入れた

　イタリアに赤のイメージを重ねるのは、モー
タースポーツを統括する国際自動車連盟が国別
に車両を塗装する色（ナショナルカラー）を決
定した時代から90年以上に渡って、フェラー
リが「イタリアの赤」をまとってレースに参戦
し続けていることもあるだろう。国旗の一色だ
けでなくナショナルカラーが赤になった背景に
は、イタリア料理の印象もあったはずである。

　イタリア料理の中心にはトマトとパスタがあ
る。実は現在よく知られる形のイタリア料理が
誕生したのは、それほど昔のことではない。そ
もそもトマトの欧州伝来が、大航海時代以降で

あり、本格的に食材とされたのは18世紀であ
る。導入当初はトマトには不吉なイメージがつ
きまとい、食材としては利用されなかったよう
だ。しかしイタリアが統一国家として成熟して
いき、国民食とも言える料理が浮上してくる過
程でトマトは重要な位置を占めるようになり、
米国のイタリア移民がトマトとイタリア料理の
イメージを定着させた。トマトがなかったらイ
タリアの食卓は、都市国家ローマの誕生から
2,000年以上続いた、ワインとオリーブが主役
の典型的な地中海料理の世界にとどまっていた
のかもしれない。

VARIETIES OF CAPSICUMS.

（187）1877年の家庭菜園についてまとめた書籍の中の、トウガラシの仲間
をまとめて描いたもの。パプリカやピーマンもトウガラシ属の仲間である

（188）クムジュルとは普通の縄とは反対に、左綯いに巻いた縄。子どもが生まれた家や、正月や祭りの日に門戸に張る、主に朝鮮半島の中南部に見られる風習だという。写真のようにキムチやコチュジャンなどの瓶に巻き、良い味になるよう祈ることも

東アジアでの赤のルーツ

　ベトナム戦争以降、韓国も多くの移民を生み出す国家となった。その多くは、米国に移住し、新しい居住地で、イタリア人がそうしたように韓国料理のイメージを米国に定着させるプロセスに入っていった。ここでの色もやはり赤である。米国社会に根を下ろしたコリアン系米国人たちは、コリアタウンの中でコリアの文化、つまり本国から持ち寄った赤いキムチの食文化などを濃縮させていった。書くまでもないことだが、韓国のナショナルカラーも赤であるといって良いだろう。特にサッカーの韓国代表ユニホームの赤の印象が強い。韓国の赤のイメージがどこから来たのか、これは、間違いなくトウガラシである。

　トウガラシは、韓国の色部分だけでなく、民族風習にも深く影響を与えていると考えられる。トウガラシの黄金色の種は豊穣を象徴し、トウガラシはクムジュル（禁縄）などの飾りとして利用されてきた。特に子どもが生まれた家では、クムジュルを下げ、邪気を払う風習があ

るそうだ。食材としてのトウガラシで真っ先に思い浮かぶのは、白菜にトウガラシをまぶして漬け込み乳酸発酵させたキムチである。しかしキムチにトウガラシを使うのが一般的になったのは、今から約250年ほど前のことと考えられている。東アジアへのトウガラシの伝来ルートには諸説ある。日本列島では、1542年のポルトガル宣教師による大友宗麟へのトウガラシの種子の献上を支持する説が最も古い。二つ目が豊臣秀吉の朝鮮出兵の際に、朝鮮から持ち帰ったとする説で、貝原益軒が『大和本草』の中で述べている。一方、朝鮮半島側の1613年の資料では、「倭国から初めてきたので俗に日本芥子という」との記載があるので、この頃に朝鮮半島に唐辛子が入ったと思って良いだろう。中国への伝来は少し遅くて、18世紀になって伝わったとする説がある。ということは、トウガラシで有名な四川料理は、キムチよりも短い期間にあのようなスパイシーなレシピを開発していったことになる。

海を渡ってきた野菜と
日本生まれの野菜

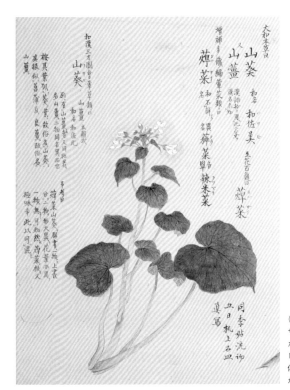

（189）日本原産の香味野菜のワサビは、古来から珍重されていた。飛鳥京跡苑池遺構から出土した7世紀の木簡からは、「委佐俾」の表記で三升分のワサビが貢納されたことがわかる

5章 近世・近代

万葉の植物リストに見る、古代日本の野菜事情

　本書で定点観測地としている日本列島には、どのような野菜が入ってきたのだろう。野菜の研究で知られる青葉 高によると、明治3年（1870）からの数年は、特異な時期である。この時期、数百年の沈黙を破り、海外から74種340品種の野菜が渡来している。当時の世界で生産される野菜がほぼ網羅されていたようである。一方、この直前の幕末に日本を旅した植物ハンター、ロバート・フォーチューンは回顧録に、「もっとおいしい野菜を教えてあげたい」と書いている。既に新旧世界の農作物の交換を経験していた欧州の人物の目には、幕末の日本の農作物の種類は寂しく見えたのだろう。

　現在も我々が野菜と認識するもののうち、日本を原産とする野菜は、アサツキ、アシタバ、ウド、ジュンサイ、セリ、ハマボウフウ、フキ、ミツバ、ワサビである。日本の野菜の変遷を古代とされる時期まで遡ると、万葉集には170種の植物が登場し、27種が野菜である。そのうち、アオナ（カブ）、ウモ（サトイモ）、ウリ（マクワウリ）など、計8種が外来種とされる。万葉集が書かれた785年頃には、ウハギ、エグ、ナギ（水葱）などはすでに栽培化されていたが、野生の野菜のほうが多かったと考えられている。この頃から幕末までは、食べられていた植物は、大きく変化していなかったようだ。

甜瓜 マクハ

花黄色ヨリ中曲え黄真端ヨリ浅将曲ニ示七夢点
蕾合住立。實白緑中曲中墨斑数ヨリ淡白緑ノ
具カヽル。枝蔓夢ニ黄白緑中スジ全曲中具毛書

（190）キュウリが10世紀に伝播してきたのと比較してマクワウリの伝来は古く、縄文－弥生期にまでさかのぼることができる。2世紀には美濃の真桑村での栽培が始まっている

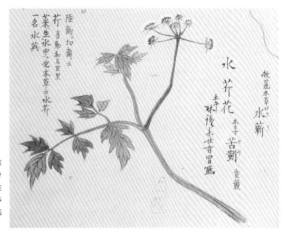

陸蘺切蕎云
芥音蕎和名晋里
蓁生永中。北本草ニ水芥
一名水英

水芥花 本子 苦蕒 食競

救荒本草ニ水
蘄 水莖

圭味隆未芥有冒篤

（191）セリは日本原産の多年草で、水田の周囲や湿地で見つけられる春の七草のひとつ。現在は、アジアを中心に北半球の多くの地域に分布している。英名はジャパニーズ・パセリ

菜園で栽培された平安時代の野菜

　物証の面からも古代の日本の食糧事情、主に野菜や果物についてを見ていく。奈良文化財研究所の調査によると、平城宮東方官衙・糞便遺構からは、以下の植物の種子が出土している。メロンの仲間、キイチゴ属、アケビ属、ナス属が多く含まれ、それ以外にもカキノキ、クワ属、イタビカズラ節（小さなイチジクのようなもの）、マタタビ属、サンショウ、ヤマブドウ、エゴマなど。調理に使ったであろう井戸遺構から出土する種子を含めると、ウリ科のトウガンの種子も見つかる。食堂院井戸からは、モモが1500個、メロン類8万個、トウガン1万個、カキノキ2000個、ナツメ1000個もの大量の種子が出土している。園芸作物である果菜類が目を引く。

　菜園という単語は農学の一分野の園芸学から派生した用語に思えてしまうが、日本での「菜園」は言葉としての歴史も、菜園での野菜の栽培の歴史も古い。菜園で栽培する野菜を園菜とする分類法が登場したのは、平安時代（938年）成立の漢和辞典「和名類聚抄」である。その第17巻には、稲穀部が記載され、後半に野菜が登場する。園菜類には、アオナ、カブラ、タカナ（辛芥）、コホネ（現在のハマダイコン）、オホネ、メカ、クレノハシカミ、チサ、フフキ（蕗）、アサミ（薊）、アフイ（葵）が並ぶ。ここで登場したものの多くも、もとを辿ればかつて海から渡ってきた植物である。

Fig. 32. — Intérieur de la banquise.

(192)

植物学の近代化がもたらした 新しい植物ブーム

筆者の手元に不思議な組み合わせの単語が並ぶ本のコピーがある。表題に『金星の太陽面通過（観測）遠征中のケルゲレン島での植物採集』とあるように、天文学の観測隊が南極圏の島まで出向き、植物を採集した報告である。英国が1874年に送り出した帆船と蒸気機関のハイブリッド調査船チャレンジャー号は、金星の太陽面通過観測と南極圏における植物学・地質学調査という2大プロジェクトに取り組んでいた。王立協会会長で、ダーウィンの友人でもあるJ・F・フッカーがとりまとめたこの論文集は、各章が必ず金星通過観測遠征の言葉から始まり、本文は淡々と氷の島で生きる植物たちの分類と描写が続く。フッカー自身は、このときの調査には加わっていなかったが、これ以前の南極探索隊には植物学者として参加している。

科学者に昇華した プラントハンターたち

歴史上、初めて金星の太陽面通過を観察したのは英国人のホロックスで、1639年12月に望遠鏡の像を紙に投影し、スケッチを残した。次の観測（1761）は、英仏の科学者の呼びかけに各国政府が応じ、世界60カ所で同時に観測が行われたが、英仏の艦船はアフリカの観測最適地までたどり着けなかった。1768年に満を持してイギリスが送り出した、クック船長の大型帆船エンデバー号は、翌年に金星太陽面通過の観測最適地タヒチにたどり着き、観測を成功させている。なお、この船に乗船した植物学者バンクスとソランダーはオセアニアで多くの植物を発見した。当時採集されたサツマイモ標本が、21世紀のDNA分析に利用されサツマイモの起源が明らかになった話はすでに述べた。

この航海を機にイギリスは果敢に探検隊を世界各地に送り続け、第2次（1772）、第3次（1776）クック隊の派遣、ブラウン運動を発見した植物学者ロバート・ブラウンを乗せた船のオセアニア探索（1801）、ダーウィンが同乗したビーグル号の世界一周（1831）、上記フッカーが参加した南極探索（1839）、そして、チャレンジャー号の南極と金星の同時観測と続いた。

象徴的なのは、この時期の英国調査隊に加わった植物学者たちは一様に、世界的に著名な科学者となったことだろう。世界からもたらされる植物標本の研究拠点として博物館と植物園が整備され、植物学者の活躍の場が用意されたことも大きい。こうして、大航海時代の後半に世界の海を制したイギリスが自然科学をリードする時代が始まった。

世界同時多発的に始まった
園芸、植物園、栽培ブーム

(a) 1842年に描かれた、パドゥバ植物園。円の中を四つのエリアで区切る設計は、設立当時から変わっておらず、今も残されている

生きるための園芸から、レジャーとしての園芸へ

「園芸」と聞いたとき、人によって違うイメージを抱くだろう。英訳もガーデニングとするか、専門的なホーティカルチャーとするかで印象が変わる。ホーティカルチャーの語源はラテン語の、囲われた土地を意味する「hortus」と栽培を意味する「cultura」に由来し、文字通り「園」での栽培を意味している。

ある研究者は、「園芸には、おおよその質を異にする二大区域が存在する。①鑑賞園芸（花卉園芸、造園）と②生産園芸（果樹園芸、蔬菜園芸）である」と述べている。後者は人類が数千年に渡り続けてきた、生存のための食料の生産・収集活動の延長である。しかし社会が複雑化し、経済が発展するにつれ、生存のための活動をレジャーに置き換え、前者を行う層が出現してきた。

鑑賞園芸の趣が強いガーデニングは、歴史の中で登場した園芸の一形態である。原始的な園芸は、農耕の歴史の中で農業から分岐してきた。古くは、古代エジプトのトトメス3世の時代（紀元前1479年から紀元前1425年）の記録に、「園」を区切った観賞用の植物栽培の記述が見つかる。また古代ギリシャで植物学を創始したテオプラストスは、学園の庭に様々な植物を植え、弟子たちと植物観察を行った。これが最も古い学術的な植物園の形であろう。

（193）二度目の植物園ブームが起きた19世紀後半は、欧米で科学誌の創刊も相次いだ。総合科学誌としては、まずドイツで『自然と天啓（Natur und Offenbarung）』（1855）が創刊され、イギリスでは『ネイチャー』（1864）が、米国では『サイエンス』（1880）が続いた。写真のような植物研究の専門誌も欧州各国で創刊が相次いだ

世界で連動した「植物園」設立ブーム

テオプラストスに始まった植物の園をつくる思想は、古代ローマの庭園づくりに一部引き継がれたものの、いつしか完全に忘れ去られてしまい、人類は植物園を再発見する必要があった。そして再発見された植物園のブームは、二度起きた。これは他の科学分野の発展と同じで、一度目はルネッサンス期のイタリアで、二度目は科学革命期の欧州で集中的に起きた。

イタリアには学術目的で設立された世界最古級の植物園が四つある。最古の例が1544年開園のピサ植物園である。これに1545年パドゥバ、同年フィレンツェ、1568年ボローニャと続く。植物園の創設者であるルカ・ギーニ（1490-1556）が医師であったため、初期の植物園は薬草標本の維持管理を目的としていた。その後、鑑賞面も重視されるようになり、16〜17世紀の欧州諸国の主要都市で植物園の設立ブームが起きる。これらの植物園にはプラントハンターによってもたらされた世界各地の植物が集められ、一般にも公開されるようになった。この後、1560年スイス、1567年スペイン、1587年オランダ、1580年ドイツ、1593年フランス、1600年デンマーク、1621年イギリス、1655年スウェーデンと続く。

一方、日本では、1638年に江戸城の南北（麻布と大塚）に薬草園が設置された。これは1684年に小石川に移設され御薬園となった。現在の小石川植物園である。つまり、欧州と日本でほぼ同時期に薬草学を目的とした植物園ができたということになるが、これは偶然ではない。織田信長は徳川の動きに先行し、ポルトガルの宣教師の助言によって、1568年に伊吹山に西洋の薬草3千種を栽培する約5ヘクタールの薬園を開設したと言われている。これが事実なら、大航海時代の波が日本の植物学にも届いていたことになる。

（194）栽培ブーム当時はイチゴの他に、メロンやアーティチョーク、アスパラガス、キャ
ベツ、エンドウ、エシャロットなど、ナス科以外のさまざまな植物が育てられていた

（196）花の栽培も人気を博した。19世紀にはいると欧州では、人工交配で雑種を作る技術が普及し、チューリップ、ラナンキュラス、アネモネ、ダリア、推薦、カーネーション、バラの変種が好まれていく

（195）19世紀後半の植物ガイドブックの巻末についている園芸書の広告。4巻、200の精密図版、3300の図表つき、ハードカバーで30フラン

豊かさを手に入れた都市で起きた、植物栽培ブーム

　ガーデニングの見本であり、植物のカタログでもある植物園のブームが一段落したころ、欧州の主要都市では、植物の栽培ブームが起きた。投機的目的の人々もいたが、多くは、都会での個人的な楽しみとして小さな菜園での植物の手入れに没頭する人々だった。生活のためではない園芸ブームが起きるには、巨大な都市の誕生と経済的にある程度のゆとりを持つ住民の存在が必要である。花を咲かせ実をつける植物を栽培し、季節を感じることに幸せを抱く。そういう層の市民が登場することは、社会の豊かさの一つの指標とも言えるかもしれない。これは英国のプラントハンター、ロバート・フォー

チューンの考えでもある。

　今から約3世紀前に出版された、在野の農業研究者ルイ・リジェ（1658-1717）によるフランス語の書籍には、庭園・菜園を維持する方法とともに、都市で快適に過ごすためのノウハウが詰まっている。リジェはハンティングと釣りの指南書も執筆しており、1701年の著作には、プライベートガーデンでの観賞用の花卉の栽培方法と、郊外での生活のガイドが1冊にまとめられている。リジェの一連の著作は、18世紀初頭の欧州を代表する大都市パリに住む人々の、レジャーのために農作業を模倣するブームを象徴しているように思える。

熱帯の植物を育てたい！
温室とオランジュリー

DATA

オレンジ（スイートオレンジ）　*Citrus sinensis*（ミカン科・ミカン属）
原産：インドのアッサム地方／主な分布：アメリカ、ブラジル、メキシコ、スペイン、イタリアなど
オオオニバス　*Victoria amazonica*（スイレン科・オオオニバス属）
原産、主な分布：南米、アマゾン川流域

（197）19世紀はヨーロッパの植物園で大型の温室設置が相次ぎ、こぞってオオオニバスを栽培した。直径2メートル以上になる巨大な浮水葉を持つこの植物は、人気の展示植物となった

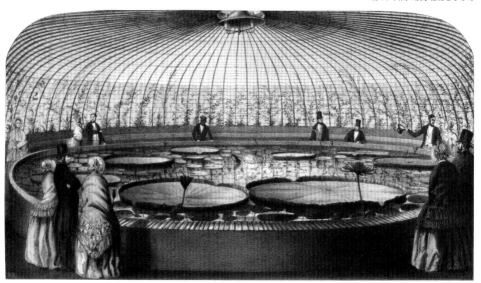

オレンジのために温室を

17世紀から18世紀にかけてのヨーロッパでは、庭で柑橘類を栽培することが流行していた。しかし、1715年に書かれた栽培書を読むと、オレンジの栽培は特に難しかったようだ。短い本のなかの22ページが接ぎ木や栽培法など、具体的なオレンジの木の取り扱いに割かれている。木の購入に際して注意すべきこと、必要な数々のケア、搬出に関して考慮すべきこと、オレンジの木の箱詰め、水やり、木のサイズ、衰弱した木の治療法、診断法などの記載が続く。特に重要なのは、寒さに弱いオレンジの木は、5月中旬から10月中旬という短い期間だけ庭園

に置かれ、長い冬の期間、オランジュリーやオレンジ館と呼ばれる温室に置く点である。

オランジュリーの改良は目覚ましく、18世紀になると、加温装置を備えた大型のガラス温室が登場し、柑橘類に限らず、オオオニバスなどの熱帯植物の栽培までも可能となった。17世紀以降、欧州には世界各地の植物が運び込まれてきたが、ほとんどの珍しい植物は熱帯性だったため、栽培できずに破棄されることもあったようだ。熱帯の宝石を栽培できるオランジュリーや温室は、それを手に入れられるはずもない庶民にとっても憧れの的だった。

PI LXXVI

Wild Orange Tree   Citrus vulgaris.   Oranger Sauvage.

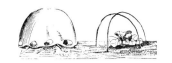

（198）オレンジは十字軍の遠征を
通じてイベリア半島経由で欧州に
伝わり、熱帯の希少な植物の一つ
として富裕層の間で大流行した

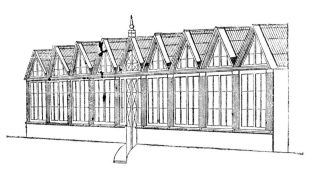

（199）技術が進むと温室は大型化
していくとともに、植物の生育環
境に合わせた温度や環境を叶えら
れるようになっていった

皇帝ネロの食卓にも温室の恩恵が

　人工的な環境で冬期の気温の低下を防ぎ植物を育てる試みは、ローマ時代には既にされていたようである。ガラスがない時代にも関わらず、雲母の薄いスライスをキュウリの栽培容器に被せることで、日光を十分に通しながら、寒さから植物を守る方法が採用された。さらに湯と煙の循環によって壁面を温め、栽培環境を加温する方法も利用できる状況にあったことが、ポンペイの一般の民家の構造からも推測されている。そのような環境下で、皇帝ネロの食卓には年間を通じてキュウリが並べられたという。

　では近代以降の欧州の温室はというと、16世紀から17世紀にかけてのものは、植物を寒気から保護し、緑に保つ避難場所という程度の施設しかなかったようだ。植物を積極的に生長させるまでは期待できず、光の利用も十分に考慮されていなかったようである。加温が可能な温室という意味でのホットハウスやストーブの構造を持つものや、ガラスを利用し日光を最大限取り入れる構造のグラスハウスが主流になるのは17世紀から18世紀になる。その後、先にも書いたように大型のガラス温室も作られ、大きな温室を備えた19世紀の欧州の植物園はさながらテーマパークとなっていった。

175

競われたヤシ類の
栽培と温室の進化

///

DATA

ワジュロ *Trachycarpus fortunei*（ヤシ科・シュロ属）
原産地：中国南部の亜熱帯地域／主な分布：栽培種として中国から日本の東北地方まで

（200）ヤシの葉には、大別してシュロのように小葉片が1点から扇状に広がる掌状葉をもつものと、ナツメヤシのように中心の軸から両側に小葉片が並んだも羽状葉をもつものがある

温室の大型化はヤシのため

　柑橘類以外の植物のために温室を開発する試みは、英国ロンドン郊外のチェルシー薬園で1685年前後に導入された温室が最初の事例とされる。そこでは地下のストーブで温室を暖める方法がとられていた。それから百年ほど経過すると、産業革命で一般的になったスチームで温室を暖める特許が英国で成立し、大型の建物でも加温できるようになった。冬期でも約26〜32℃の範囲に室温を保つ大型の温室でヤシ類、ツバキ、ランなど80種類もの植物の栽培が実現された。熱帯雨林の環境を再現したこの温室のうち、ヤシ類用の温室では、ポンプで水をくみ上げて人工の雨を降らせていたという。

　植物園の温室では象徴的な熱帯植物として特にヤシの栽培に力を入れていたようだ。ヤシは貴族趣味的な珍しさはもとより、熱帯地域の貴重な資源（ココヤシ、アブラヤシ）であるため研究の側面もあったと言える。同時にヤシを育てられることは帝国の威信の象徴でもあったかもしれない。更なる温室の大型化は鉄骨の導入で実現する。フランスの建築家フォンティーヌは、1831年にパリ市内にパレ・ロワイヤルと呼ばれるアーケード型のガラス張りの回廊を建設し、巨大温室の建築に拍車をかけた。

(201) 1897年に描かれたイタリア・ヴェネト州のパドゥヴァ植物園の「ゲーテのヤシ」(チャボトウジュロ、*Chamaerops humilis*)。1585年に植樹されたこのヤシの木は、今も温室の中で大切に栽培されている

(202) フランクフルトにあった植物園のパームハウス(ヤシ類のための温室)の様子(1852-1940)

Fig. 4. Das Innere des Palmenhauses in Frankfurt, vom Saale aus gesehen.

ゲーテのヤシと、温室いらずの日本のヤシ

　文学者ゲーテは、1786年に世界最古の植物園、パドゥヴァ植物園を訪れ、当時すでに樹齢200年に達したシュロの木を観察したとき、植物は種や属で固有の形がある程度決定するものの、実際の形態は、周囲の環境に応じて柔軟に変形することを説いたメタモルフォーゼ論(植物変態論)の構想を得た。今では「ゲーテのヤシ」と呼ばれるようになったこのシュロは、同植物園に現存する最古の植物である。ゲーテの構想は、2世紀を生きたシュロの古木のおかげと言えるが、植物園が導入したガラス温室の効果とも言える。

　ヤシは熱帯を代表する植物であるが、日本にもヤシ科の植物が生育している。たとえば日本の野山に野生化して生育するシュロの仲間にワジュロがある。平安時代以降に導入された外来植物とされ、最初にその名が記録として登場するのは「枕草子」の中の「すろのき」の記述である。ワジュロはヤシ科の中では特別に耐寒性に優れた種で、英国人プラントハンターのロバート・フォーチューンは、江戸の郊外の品川でこのシュロが茂るのを見て「南国の風情を感じた」と記録している。なおワジュロはシーボルトによってオランダ・ライデンに移され、ヨーロッパに広められた。

羊のなる木が羊を超えた
ベジタリアンウール

DATA

ワタ属 *Gossypium* spp.（アオイ科・ワタ属）
原産地：世界の4大種の原産地は、それぞれ、①オーストラリア（オーストラリア野生綿）、②アジア＋アフリカ（アジア綿）、③北米南西地域（アメリカ野生綿）、④南北米大陸＋アフリカ＋太平洋島嶼域（アメリカ栽培綿）

（203）現代において、世界での綿花の生産量は2687万トン（2017年）に対し、羊毛の生産は115万トン（2018年）と重量比で20倍の差がある

5章 近世・近代

子羊のなる木からコットンの大量生産まで

　ヨーロッパに軽くて強い繊維をつくる「植物」についての知識が断片的に届いたのは、14世紀頃と考えられている。毛織物が主流だった欧州の人々には、植物から直接「毛」を収穫するということが想像し難かったのか、果実のように子羊を実らせる空想上の植物が考え出されるようになった。しかも実った羊は茎につながったまま周囲に生える植物を食べ尽くして成長するという、およそ植物らしくない羊そのものの習性を持っていると考えられていた。

　18世紀になるとインドから植物性の繊維でできた布、綿布（キャラコ）が入ってくるようになる。人々はこぞって安価で丈夫なコットンの製品を求めるようになった。さらにイギリスで興った産業革命によって同国では、紡績と機織りの機械化が進み、インドに綿製品を輸出するまでになる。新興の化学工業で開発された様々な染料を利用し、カラフルな繊維も大量に生産されるようになった。コットンの生産と消費は、世界規模で飛躍的な拡大を見せていったのである。この時期は、動物に依存せず、植物バイオマスをそのまま繊維として利用するベジタリアンウールが、アニマルウールを凌駕した時代の転換期と言える。

（204）17世紀に描かれたバロメッツまたは、スキタイの子羊の肖像。子羊のなる木は、この時代、多くの作家に描かれ、研究者から市井の人々まで広く議論の対象となった

布になる植物、アサ、イラクサ、リネンなど

　人類は、様々な微生物を触媒のように使って、植物の成分から酒類や酢をつくってきた。すなわち穀物のデンプンをアルコールに変え、さらに有機酸に変えるシステムだ。同様に、羊毛の生産や絹の生産というのは、特定の「動物」を触媒のように利用して「植物」を繊維に変換するシステムと捉えることができる。ウール（毛）は牧草を食べて育った羊の毛を刈り取ってつくられる。主成分はケラチンと呼ばれるタンパク質である。シルクはクワの葉を食べて育ったカイコガがつくる繭を収穫して得られる。主成分は、フィブロインと呼ばれるタンパク質である。

　一方、植物の繊維のほとんどは、セルロースでできている。ワタ科ワタ属のように純度の高い「毛」として収穫できる植物はまれで、他に木綿の語源となったパンヤ科キワタ属のキワタ

（Bombax ceiba L.）がある。ほとんどの植物繊維は、植物の茎の靭皮繊維や葉脈繊維を取り出したものである。日本語の麻には、アサ科植物のアサがつくるもの（ヘンプ、狭義の麻）、イラクサの仲間がつくるもの（ラミーや日本古来のカラムシ）、アマ科の植物がつくるリネン、シナノキ科のコウマがつくる丈夫な素材ジュートなど、多様な植物素材からできる繊維が含まれる。これらはすべて植物の靭皮繊維を利用したものであり、伝統的に東アジア、インド、中東、ヨーロッパで利用されてきた。

　東南アジアの熱帯地域では、葉脈繊維の利用が盛んに行われている。キジカクシ科リュウゼツラン属のサイザルアサからとった繊維（サイザル麻）やバショウ科バショウ属のマニラアサからとった繊維（マニラ麻）は、軽くて丈夫で、風通しの良い布を作るのに適している。

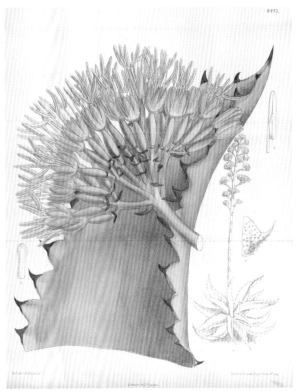

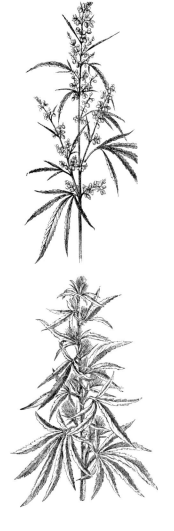

（205）リュウゼツラン属のサイザ
ルアサ（*Agave sisalana*）は、
19世紀には、原産地メキシコか
ら世界中に広がった。日本語で植
物繊維全般をさして「麻」と呼ぶ
慣習から、欧米名のサイザルにア
サを付けて呼んだ

（206）アサは雌雄異株であり、
雌花を付ける雌株（上）と雄花
を付ける雄株（下）は別の植物
体であるが、まれに雌雄同株も
出現する。テトラヒドロカンナ
ビノールは雌花に多く含まれる

古代の日本人が纏った植物の不織布

　15世紀後半に「綿花の木綿」が普及する前の
日本では、麻と絹が重要な繊維源であった。弥
生時代から利用されてきた苧麻（ルビ：ちょま）
として知られるカラムシを利用した伝統的な麻
織物は、現在でも新潟や福島、宮古島などで続
けられている。

　繊維を織る方式をとる以前、木綿の到来前の
日本では、天然の不織布を使っていたのではな
いかという推論がなされている。樹木から樹皮
を剥ぎとって得る樹皮布や、樹木の外皮の下に
ある甘皮（靭皮）の繊維を利用する方法である。

　オセアニアの島嶼部、東南アジア、中南米、
アフリカと広い地域に、樹皮由来の不織布（タ
パ）をつくる伝統があり、主に利用される植物
はカジノキ（*Broussonetia papyrifera*）であ
る。カジノキは、学名にパピリフェラとあるよ
うに紙を漉くのに適した木という意味であり、
強い繊維がとれるため、和紙や中国の画仙紙の
材料とされてきた。このカジノキは日本でも古
墳時代までは、コットンではない木の綿として
の「木綿」をつくるのに使われてきたが、不織
布としても利用されていたかもしれない。なお
縄文時代にはムクノキが植物繊維源として利用
されていた。

（207）アマ（*Linum usitatissimum*）
からとれる繊維をフラックスと呼び、フ
ラックスからできる布をリネンと呼ぶ。
1780年に描かれた西インド諸島の市場
の風景から、リネン屋台が開かれている
様子が見てとれる

（208）アマはカフカス地方を原産
とする植物で、古代から中東から
ヨーロッパ地域にかけて栽培され
てきた。日本では、小石川御薬園
で薬草として栽培されていた

Linum   usitatissimum

Published by W. Phillips. May 1st 1809

(209)

欧州の庭園が待っていた 日本産の植物と花

　19世紀初頭まで、欧米で知られる日本の植物の数はかなり限られていた。しかし19世紀末までには日本から多くの植物が流出し、西ヨーロッパで日本産植物の一大ブームが起きた。その結果、日本から渡った数百種類の植物がヨーロッパに根付き、植物園だけでなく、公共の庭園や一般家庭の庭先でさえも、日本産の植物は欠かせない植物要素になった。この経緯を、植物学者で園芸研究家のE・C・ネルソンは、エッセイの中で以下のように表現している。「日本で生育する、ほとんどすべての野生の植物が、そしてすべての日本を起源とする栽培品種が、ヨーロッパの庭園の植生の一部になる可能性を持っていた。それらは単に輸送されればそれだけで良かった」。シーボルトの話でも触れたが、欧州でも温室を使わずに育てられる、同じ温帯にある日本の植物は、広い層に待ち望まれた、異国の、珍しい、植物だった。

世界で愛されるバラに組み込まれた 日本のバラの遺伝子

　日本から導入されたのは植物の種や苗だけではない。日本の植物の持つ形質も遺伝子を通じ、ヨーロッパの園芸作物の中に取り込まれている。ここではバラの事例を挙げる。日本には万葉集でも歌に詠まれたノイバラ（うまら／*R. multiflora*）をはじめ、テリハノイバラ（*R. luciae*）、ハマナス（*R.*

rugosa）など、バラ科の植物が広く自生している。大航海時代以降のプラントハンターと貿易商人、園芸家たちの働きにより、日本のバラの遺伝子は、現在世界で栽培される多くのバラの品種の中に組み込まれている。

　現代バラの成立は、フランスのバラ育種会社であるギヨーが、中国産の紅茶の香りに例えられるティー系統のバラと、当時の西洋バラの系統（これも中国系とのハイブリッド）とを掛け合わせて開発したハイブリッドティー系統のラ・フランスに始まるとされる。ギヨーはこれとは別に、日本のノイバラに中国のコウシンバラ（*R. chinensis*）を掛け合わせたポリアンサ系を開発している。ポリは多数、アンサは花を意味し、小輪で花数の多い系統で、四季性とノイバラの強健さを受け継いでいる。この系統には、ミニオネット、パケテット、セシル・ブルンネなどの人気の高い品種がある。ポリアンサ系はさらに他の系統と交配され、数多くの人気品種が生み出された。またキュー・ランブラーやフランソワ・ジュランビルなど、テリハノイバラの伸びる「つる」の形質を受け継いでいる品種も多い。日本から旅立った植物のなかにはこのように、欧州に愛され、根付くだけにとどまらず、新しい姿を見せてくれたものも多い。それは植物としてだけではなく、絵画や習慣、文化として現れることもあった。

欧州にいち早く
春を届けたツバキの旅

DATA

ツバキ　Camellia japonica（ツバキ科・ツバキ属）
原産地、主な分布：日本、台湾、朝鮮半島。自生北限は青森県南西部

（210）シーボルトが欧州に持ち帰った久留米ツバキの代表的品種で白斑が入る八重蓮華咲きの「正義（まさよし）」は、ドンケラリの名で知られる。現代の感覚では、作成者のいる栽培品種の名称まで変更するのは望ましくない

ヨーロッパに渡った大輪の花

　19世紀以前の欧州の庭園では、日本の植物はほとんど知られていなかったが、ツバキだけは例外であった。ツバキは他の日本産の植物に先駆けて欧州に紹介され、認知されていた。経緯としては、オランダの東インド会社が送り込んだ軍医たちの活動に行き着く。軍医であったアンドレアス・クレイエルは1680年代、出島を拠点とした組織的な密輸に従事し、その時に持ち出した植物の中に当時ツバキ科植物とされたサカキが含まれていた（現在、サカキはモッコク科サカキ属とされている）。サカキの学名、*Cleyera japonica*には、このクレイエルの名が入っている。

　彼の後任のケンペルは、1712年にツバキ30品種を含む多くの日本の植物を『廻国奇観』の中で紹介している。そして最後に来た軍医が、ドイツ生まれのシーボルトである。彼が持ち帰った多くの日本産の植物は、ベルギーのヘントを経由し、オランダのライデンで栽培に成功した。その中にツバキとサザンカ（*C. sasanqua*）の品種も含まれ、特に赤と白が混じった花弁をつける久留米ツバキの代表的品種「正義」が、現地管理者の名を取り、ドンケラリ（Donckelaeri）の名で人気を博した。寒い季節でも艶やかに葉を保ち、大輪の花を咲かせるツバキは、19世紀になると富裕層に特に愛され、園芸植物としても大流行していく。

（211）江戸後期の博物家毛利梅園（1798-1851）が
描いた斑入りツバキ。「海石榴」も「山茶」もツバキ
の意。山茶には「サンチャ」の読みが添えてある他、
和名として「豆婆嶷（ツバキ）」との表記も

縄文の材から江戸の花へ

　日本原産の常緑樹で、照葉樹林を構成する代表的な樹種であるツバキ（ヤブツバキ）は、日本列島においては花以上に木材としての歴史が古い。福井県鳥浜貝塚で発見された漆塗りの櫛や石斧の柄は、ツバキ材を加工したもので、櫛は5,000年前のもと推定されている。『日本書紀』では武器としてツバキでつくった椎を使った記述も現れる。ツバキ材を槌や杖に利用する事例は縄文時代まで遡れるようである。

　ツバキの名称が定着したのは、7世紀から8世紀にかけてと推定されている。『万葉集』にはツバキを詠んだ歌が9首あるが、椿、海石榴、都婆伎、都婆吉と表記が分かれる。これに先んじた7世紀末頃の徳島県観音寺遺跡から「椿」に「ツ婆木」と和訓をつけた木簡が出土しており、これが「椿」の文字の最古の使用例とされている。また752年の大仏開眼供養において、孝謙天皇が使用した椿杖が正倉院にあり、その時代の平城京遺構からもツバキの種子が出土している。宮中においてツバキの樹木も種子も身近に存在し、名前も「つばき」で定着したことが推察できる。ツバキの花が品種改良の対象となり、大きなブームとなるのは江戸期のことである。しかし日本列島でのツバキとヒトとの関係は、五千年に及ぶ長い助走期間が存在したことがわかる。

ジャポニズムの主役となった
アジサイとスイレン

DATA

アジサイ *Hydrangea macrophylla*（アジサイ科・アジサイ属
原産・主な分布：日本（現在は世界の様々な地域で栽培）
スイレン属 *Nymphaea*（スイレン科・スイレン属）
主な分布：世界中の熱帯から温帯にかけて

（212）当初シーボルトはホンアジサイに*Hydrangea otaksa*という学名を付けたが、現在は、種名が整理され、*Hydrang macrophylla*が正式な種名。もともとの小種名*otaksa*は品種名に残る

HYDRANGEA OTAKSA *Sieb. & Zucc.*

日本からガレの庭に旅した「お滝さん」

　仏の植物学者であり、アール・ヌーボーの巨匠エミール・ガレのガラス工芸作品の専門家でもあるフランソワ・ル・タコンは、18〜19世紀のヨーロッパにおける日本産植物の最高レベルの専門家に、エミール・ガレの名を挙げている。ガレが日本産植物に惹かれたきっかけは、日本から森林学を学びにきた留学生から日本の草木のデッサン本を手に入れたこととされている。オランダ・ヘントにあるファン・ホウテの育苗園からシーボルトコレクションに由来する日本産植物を207点以上取り寄せ（ガレ栽培植物リストを元に推定）、フランス・ナンシーの工房隣接の庭で栽培、観察して、そのデザイン

を作品に取り入れた。

　ガレの庭に移されたマダム・フォン・シーボルトというフランス語の株名のアジサイが、シーボルトが学名をつけたホンアジサイ（当時の学名：*Hydrangea otaksa*）であれば、ガレの庭にはシーボルトの妻の名「お滝さん」を冠した品種が届いていたことになる。シーボルトは欧州では積極的に「*otaksa*」の由来を明かしてはいないが、牧野富太郎により、彼が日本から追放される日までを共に過ごした妻、お滝に捧げたものであると明らかにされている。お滝さんは長い旅を経て出島からフランスに届き、芸術の形に昇華したことになる。

(213) シーボルトがオランダに持ち帰り、ライデン国立民族博物館に所蔵されていた、北斎の絵のうちの一枚。西洋風の肉筆絵であったことから長く作者不明とされていたが2016年に判明した。日本橋の風景が描かれている

北斎を見出したのはシーボルトだった

　本書で何度も登場しているシーボルトであるが、ジャポニズムを語る上でも彼の影響は過小評価できない。19世紀後半のフランス画壇は、印象派のルノワールやセザンヌ、ポスト印象派のゴッホをはじめ、多くの画家が葛飾北斎に代表される日本の浮世絵に影響を受けたことは良く知られる。その当時の欧州の文化人や富裕層の間では、浮世絵、刀剣、茶道具、能面など日本の工芸品や芸術品を収集するのがブームとなっていた。

　浮世絵の存在は、19世紀前半から少しずつ欧州に知られるようになっていたが、鎖国の中にあった日本の浮世絵を欧州に知らしめた人物は誰だろうか。シーボルトである。シーボルトは自らも浮世絵を収集し、彼の著書『ニッポン・アルヒーフ』（1831）の中で紹介している。彼が北斎の作品を特別に強調していることから、研究者の中には、なぜ当時のシーボルトは北斎の卓越性を見抜けたのだろうかと疑問を呈する者もいる。実はシーボルトは、北斎に直接に会っている。もしかしたら北斎と言葉を交わした唯一の西洋人の可能性もある。しかも西洋の技法で風景画を描くことも北斎に依頼し、ライデンに持ち帰った作品群が近年発見されている。

（215）モネが描いた「睡蓮の池」。日本風の橋の下のスイレンが覆う池の水面にシダレヤナギの緑が映り込む様子が美しい

（216）ジヴェルニーにはモネがアトリエと住居として過ごした家と、庭がそのままの姿で保存されており、当時、モネに選ばれた植物を目にできる

（217）右に描かれているのがエジプトの青いスイレン。左手前はハスと思われる。なお日本原産のスイレンはヒツジグサで、小さく白い花を咲かせる。谷上広南「西洋草花図譜」（1917）より

モネが描いたスイレンは日本のものではなかったが…

19世紀後半のパリのジャポニズムでは、植物も重要なモチーフだった。ゴッホによる歌川広重のウメ（名所江戸百景・亀戸梅屋鋪）の模写は有名だろう。しかし日本の「絵」の中の植物に最も魅了された画家は、クロード・モネではないだろうか。「狂気の目の持ち主」とも「光のプリンス」とも形容されたモネは、日本の絵の中の植物を現実世界に再現し、水辺の光を受けた植物の緑を再び絵に封じ込めた。

1883年、モネは田舎町だったジヴェルニーの庭付きの家を買い取って、日本風の庭園を築いた。ただし典型的な日本庭園を作ろうとしたわけではないようである。それを裏付けるようにモネの庭には、踏み石も滝も石灯籠もない。ただコレクションの版画の中で見た池や橋やシダレヤナギを再現したかったのである。

家の敷地を拡張するために土地を購入する5日前、偶然、モネはロンドン時代からの友人で画商のデュラン・リュエルの画廊で開かれた歌麿と広重の版画展に立ち寄った。展示されていた300枚の版画には、日本の橋とともに、竹林やサクラの花、印象的なシダレヤナギが描かれていた。それに影響を受け、彼は庭にシダレヤナギ、竹、日本のリンゴ、サクラ、シャクヤクなどを植えた。池にはもちろん、池の中心的モチーフとなるスイレンもあった。しかしこのスイレンは日本産ではなかったようだ。スイレンはボルドーの園芸家が開発した、欧州の寒い気候でも育つ品種を導入した。なお、エジプト産のハスも発注したが、ジヴェルニーの気候に適応できずに枯れてしまったという。

モネはその生涯で、200点以上のスイレンを描いている。人生最後で最大の作品はフランス政府に寄贈されセーヌ川に面したかつてのオランジュリーを改造した、オランジュリー美術館に収蔵されている。

世界的な園芸都市「江戸」の アサガオと、明治のユリ

DATA

アサガオ *Ipomoea nil*（ヒルガオ科・サツマイモ属）
原産：熱帯アメリカ／主な分布：世界的に分布

ユリ *Lilium*（ユリ科・ユリ属）
主な分布：ユリ属の植物はアジアに多く、欧州と北米にも分布。亜熱帯から亜寒帯までの100種以上の原種が知られる

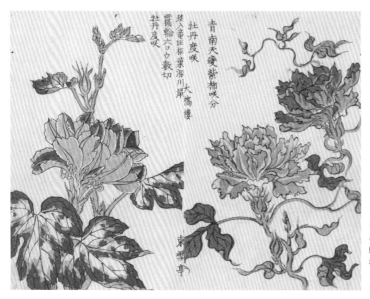

青南天変紫枝咲分
牡丹度咲
埃人竜臣指葉渫川岸
露楊輪六ヨウ数切
牡丹度咲
東雪亭

(218) 江戸期は日本各地で特色の
ある園芸文化が興った。人々は
競って珍しい品種を作り、時には
非常に高額で売買もされた。オラ
ンダで起きたことは、日本でも起
きていたと言える

武家のツバキと庶民のアサガオ

　江戸期の日本では、家康、秀忠、家光と三代の将軍が花好きだったこともあり、江戸城下および大名たちの間で園芸熱が高まっていた。花好きの将軍への花卉の献上が競われ、武家屋敷では造園が相次いで、庭師という職業も誕生した。二代将軍、秀忠は特にツバキを好み、江戸城西丸に椿園を開き天海僧正を招くほどだったという。

　一方、江戸の庶民の間では、様々な草花が愛されていた。特にアサガオ栽培のブームは二度起きている。一度目は1806年、文化丙寅の大火の後に、植木屋が空地にアサガオを持ち寄ったのがきっかけとなった。当時の「花形の変わり」は、孔雀、乱獅子、梅咲、桔梗咲、ちぢみ、茶屋、采咲、八重孔雀、薄黄、牡丹咲、龍胆咲、絞り類、などが知られる。このような形質の品種はおしべやめしべが変形し、種子をつくれない場合も多く、両親の系統を再度掛け合わせて形質を再現するしかない。江戸の庶民たちは、1865年にメンデルの法則が発見される以前から、経験から得たノウハウによって、高度な遺伝を駆使した育種を、楽しみながら極めていたのである。アサガオ栽培のブームは幕末期（1850〜1860）、そして明治、昭和にも沸き起こっている。

ds Busy in Assorting Lilium Longiflorum Bulbs—Packing Dept. of the Yokohama Nursery Co., Ltd.

（220）横浜の種苗場でのテッポウユリの球根
（鱗茎）の選別風景。横浜港からは、海外に
向けて多くのユリ根が出荷された。日本では、
もともとヤマユリやオニユリと共にテッポウ
ユリの亜種（ササユリ、ヒメサユリ、ハカタ
ユリ）が食用及び薬用とされてきた

（219）1867年（慶応3、明治の前年）に
パリで出版された園芸書に描かれた日本
産のヤマユリ（*Lilium auratum*）。記
事には、既に日本から200,000の球根
が流出しているとの説明がある

1. Lilium auratum. 2. Lilium auratum rubrum.

「発見」から「輸出へ」。一大輸出品となったユリ

　1860年、第2次アサガオ栽培ブームが落ち着く頃の幕末の江戸を訪れた英国人、ロバート・フォーチューンは、当時の江戸の庶民をこう評している。「日本の庶民の顕著な特徴は、例え下層クラスの人々であっても、花々への愛が備わり、愛玩植物を育てていく中に、無限の楽しみを見いだせることだ。もしこれが、人々の文明度を表す指標だとすれば、我々の国の同クラスの人々と比べた場合、日本人の下層の人々が際だって浮かび上がってみえる」。

　幕末期に入ると、フォーチューンのように国内での旅行を許された英国人による記録も増えてくる。日本からの植物の流出も、プラントハ

ンターとなった植物学者による少量の遺伝資源探しから、商社による大量な買い付けへと移行していった。明治になると日本側も積極的に植物の輸出を売り込むようにもなる。日本が公式参加した1873年（明6）のウィーン万博では、出展したユリをきっかけに、海外で鑑賞用としてユリの人気に火がついた。イースターの頃に咲くことからイースターの飾り付けとしてユリを使用したという記録も残る。1900年（明33）には年間約500万球、1915年には年間約2200万球、1940年代には年間約4000万球もの球根が輸出され、ユリの球根は一大輸出作物となった。

科学を変えた植物たち

科学者が新しいアイデアを着想する際、
植物が発想の源になったり、ヒントになることも珍しくない。
歴史の中で科学が大きく進歩する瞬間に関わった植物にスポットライトを当てる。

物理学

植物の形が見せるフィボナッチ数列

　ケプラーの法則で知られる天文学者のヨハネス・ケプラー（1571〜1630）は、ヒマワリの種の配置や松ぼっくりの形状など、多くの植物の「形」の中に、イタリアの数学者・フィボナッチが提唱した「フィボナッチ数列」が潜んでいることに気付いていた。わかりやすい例としては、パイナップルの模様も挙げられる。これがガリレオ以来の「宇宙は数学の言葉で書かれた書物である」という考えが正しいと、ケプラー自身が確信するきっかけになったと言われている。ケプラーは信念に基づき天体の運行に法則性があることを明らかにし、ニュートンに科学のバトンをつないだ。

有名なリンゴは
重力以外の
着想も？

　当時学生だったアイザック・ニュートン（1642〜1727）は、世界的に猛威を振るったペスト禍のために大学が閉鎖され、果樹園に囲まれた帰省先で2年間を送ったという。リンゴの木の傍らで沈思黙考の日々を過ごした結果、リンゴと地球がお互いに見えない力（重力）で引き合うためにリンゴが落下すること、さらにその引き合う力は宇宙にも及んでいるという着想にいたる。この期間においてのニュートンによる科学史に残る成果は、「重力の発見」だけにとどまらない。「微分積分法の発明」、「光の分析」も、果樹園で過ごした日々の中で生まれたものだった。

化学

ミントが
気づかせてくれた
酸素の意味

　当然のように存在する二酸化炭素と酸素も、ある時「発見」されたものである。ジョゼフ・プリーストリー（1733〜1804）は、酒類の発酵樽に火を消す性質がある重いガスが溜まることや、ある化合物を熱すると木片の燃焼を助けるガスが発生することを見つけ、アマチュア研究者ながら、二酸化炭素と酸素の発見者となった。彼はガスの持つ生化学的意味を見つけた人物でもある。実験は自宅にあったミントの鉢植えと、生きたマウスが手伝った。ロウソクを燃焼させたガラス容器内にマウスとミントを置いた場合と、マウスだけを置いた場合とを比較し、日光の下でミントが空気を「清浄化」してマウスが長く生きることを見つけた。

化学

化学を大きく変えたワインの樽の中身

　ルイ・パスツール（1822〜1895）は近代細菌学の開祖と呼ばれる1人であるが、化学分野でも金字塔を打ち立てている。25歳の若者だった当時、彼はブドウ果汁が発酵する時に沈殿するブドウ酸塩を研究していた。酒石酸という物質もワイン樽から見つかっており、酒石酸の方だけが光学活性※だった。光学活性には偏光面を右あるいは左に回転させる右旋性と左旋性があることが知られていたが、理由はわかっていなかった。彼は、思いつきから顕微鏡の下でブドウ酸塩の小さな結晶を形の違いによって二種類により分けた。それらの光学活性を調べたところ、それぞれ右旋性と左旋性を示していた。若きパスツールは、興奮のあまり「やった！」と叫びながら実験室を飛び出した。その後の化学を変えた、鏡像異性体が発見された日の話である。

※光は進行方向に垂直なあらゆる向き（360°）の面上で振動をする波の性質を持つ。ある種の結晶は、ある角度の面（偏光面）上で振動する光（偏光）のみを透過させる性質を持つ光のフィルターとして働く。取り出された偏光をある物質に当てた時、偏光面が回転することがある。このような働きを示す物質は光学活性である。

生物学

15年間のエンドウマメとの対話

　有名なメンデルの法則は、グレゴール・ヨハン・メンデル（1822〜1884）が、15年に渡りエンドウマメと向き合ってきた取り組みの成果である。メンデルは修道院の司祭であったが、自然科学に興味を持ち、生物学、物理学、さらには数学を学んでいた。彼の数学のセンスを取り入れたエンドウマメの交配実験は、遺伝に関する、優位の法則、分離の法則、独立の法則の発見をもたらした。メンデルの数学的で抽象的な遺伝の解釈は、生前に評価されることはなかったが、その後、ド・フリース、コレンス、チェルマクという3人の学者がそれぞれ独立した実験を通じてメンデルの法則を再発見した。ド・フリースがマツヨイグサを材料にまとめた「突然変異説」は、メンデルの法則の再発見にとどまらず、遺伝学と進化論をつなぐ大きな発見と言える。

豆から学んだ生物時計

　我々ヒトを含む生物の体内には、「時計」が内在するという。地球の自転による24時間周期での昼夜の繰り返しに同期し、体温やホルモン分泌など生存に必要な機能の多くが24時間のリズムを刻むことがわかっている。生物時計という概念を提唱したのは、ドイツの植物生理学者、エルヴィン・ビュンニング（1906〜1990）である。ベニハナインゲンの観察から、生物には明暗の繰り返しに同期した概日時計と、光への曝露で調整される仕組みの関係が重要であると唱えた。同じマメを対象に生物学の基本的な法則を導き出したメンデルと同様に、マメを見つめて生物に普遍的な現象を発見したとの評価もある。

トウモロコシの動く遺伝子

　アメリカの遺伝学者バーバラ・マクリントック（1902〜1992）は、長年にわたりトウモロコシの交配実験と観察を繰り返し、斑入りのトウモロコシの写真を撮り続けた。彼女が集めた斑入りの出現頻度と出現部位の世代間の変化に関する膨大なデータは、とうていメンデルの遺伝の法則では説明できないものだった。このことから遺伝子の中には、生物の形を決める形質発現を調節するものがあること（調節遺伝子の概念）、しかもそのような遺伝子は、染色体から別の染色体へと移動する場合もあるということ（動く遺伝子の概念）を1951年に提唱し、32年後の1983年に81歳でノーベル医学生理学賞を受賞した。

ダーウィンと競った知の巨人たち

進化論を提唱したチャールズ・ダーウィンが生きた時代には、
彼と知的な世界で刺激し合った、
ライバルとも呼べる科学者たちがいた。
植物を主なテーマにダーウィンと関わった
科学者たちの足跡をたどる。

植物学者たちが背中を押したダーウィンの進化論

チャールズ・ダーウィン
（1809 ～ 1882）

　ダーウィンは、ケンブリッジ大学で植物学者ジョージ・ヘンズロー（1925 ～ 1925）に師事し、彼の推薦で、若くしてビーグル号に乗船する機会に恵まれた。約5年間をかけて地球を一周する航海の中で、世界各地の動物相や植物相の違いを観察したことから「種の不変性」に疑問を感じたダーウィンは、自然淘汰（自然選択）により種が変化するという考えを著書『種の起源』にまとめた。自然淘汰説では、（1）生物がもつ性質の多くは、同じ種内でも個体の性質にはばらつきがあり、（2）性質の違いによって環境に則した生存競争を生き残る可能性が左右され、（3）生存に有利な形質を持った個体が子孫を残し、変異が遺伝を通じて集団内に保存・蓄積されることで、進化が起きると説明する。

　進化論は1858年7月1日にロンドン・リンネ学会で、ダーウィンとは独立にほぼ同じ内容の進化論にたどり着いたアルフレッド・ラッセル・ウォレスの考察と同時に発表された。ダーウィンが1847年に英国の植物学者ジョセフ・ダルトン・フッカーに個人的に開示した小論（共同論文第1部）と、米国の植物学者エイサ・グレイにあてた1857年の手紙（共同論文第2部）が、ウォレスより前に進化論の着想に至っていたことを示す証拠となり、ウォレスの論説（共同論文第3部）より先に置かれた。なお、現在の「進化」を指す用語evolutionが最初に登場するのは、『種の起源』の第6版である。

よきライバル、ウォレスの存在

アルフレッド・ラッセル・ウォレス (1823 ～ 1913)

ダーウィンの初期の著作『ビーグル号の航海』を熱心に読んだ人物の一人に、ウォレスがいる。『ビーグル号の航海』の中には、まだ進化に関する記述はなかったが、ダーウィンと同様に世界を航海する中で、ダーウィンとほぼ同様の自然選択に関する理論の着想に至った。1858年にウォレスがダーウィン宛に送った手紙に自然選択説に関する小論が同封されていたことを受けて、ダーウィンの協力者たちの計らいで「自然選択による進化理論」を2名の共同発表とすることが決定し、その後、ダーウィンは、執筆途上にあった「自然選択」と仮題のついた著書を完成させ『種の起源』(1859年) として出版した。なおウォレスは植物分野に多くの貢献をしている。インドネシア・ラジャアンパット島に固有のヤシ科 *Wallaceodoxa* 属の種（*Wallaceodoxa raja-ampat*）など、多くの動植物にウォレスにちなんだ名前がつけられている。

植物の分類から生まれた「種」の概念

イギリスの博物学者・植物学者のジョン・レイは、神の創造物である生物を集め、それを正しく分類する「自然分類」を通じて神の英知と秩序に迫ることができると考え、植物を分類した。顕花植物を双子葉植物と単子葉植物に分類したのはレイが初めてであり、「種」の概念を動植物に適用した。この考えはリンネに引き継がれ、生物種名を二つの単語で表す二名法による分類体系が確立され、種の概念が一般的なものになった。

ジョン・レイ
(1627 ～ 1705)

ダーウィンより早かった「進化」の概念

ラマルクが種は固定されたものではなく時間とともに変化する、という進化の概念を提唱したのは、ダーウィンの『種の起源』よりも半世紀も前のことである。ラマルクこそが、進化の概念を最初に唱えた人物であるといえるかもしれない。しかし、彼の学説（用不用説）は、彼の死後も進化論者の間で強い批判にさらされることになる。特に親の世代に経験によって身につけた形質（獲得形質）が何らかの方法で子孫に伝わるというアイデアは、メンデルの遺伝の法則に当てはまらず、またマウスの尾を何世代にも渡って切除しても一向に尾のないマウスが生まれてこないというワイズの実験などを根拠に強く否定されるようになった。

彼の進化論は学術面での批判に加え、当時の宗教観に基づく社会的な批判にさらされ、ラマルクは不遇な晩年を過ごしたとされている。元王立植物園としての歴史ある

ヘッケルの見た
進化論者たち

かつてエルンスト・ヘッケルは、英・仏・独の代表的な「進化論者」を比較している。仏・英の代表はラマルクとダーウィン、ドイツの進化論者としてヘッケルがあげたのが文学者ゲーテの名前であった。「個体発生は系統発生を繰り返す」ことを主張し、個体発生の研究の中に系統発生を理解する手がかりがあると確信していたヘッケルの目には、ゲーテの唱える植物の器官の原型が、各器官へと変化するとする「メタモルフォーゼ」のアイデアは、進化論の原点に見えた。実際にゲーテは、器官の原型について述べると同時に、現在の植物のルーツとなる「原植物」の存在を想定し、進化の概念に近い考察もしている。

1990年代後半から2000年代にかけてヒットしたゲーム／アニメの「ポケットモンスター」の影響で、キャラクター（個体）

エルンスト・ヘッケル
（1834－1919）

が形を変化させて強くなる様子を子供たちが進化（エボリューション）とよぶ光景が世界中で見られた。個体が示す変化を変態（メタモルフォーゼ）と呼ばずに進化と呼んだ子供たちの感性は、ヘッケルがゲーテのアイデアの中に進化を見たのと同じ感性かもしれない。

パリ植物園にはラマルクと娘の像が建ち、その碑文には、「後世は、あなたを賞賛し、あなたの無念をはらすでしょう」という、娘から父ラマルクへの言葉が刻まれている。2000年代に入り、DNA配列の変化なしに遺伝子の状態が変化する仕組み（エピジェネティクス）によって「世代を超えた獲得形質の遺伝」が生じる可能性が示唆され、ラマルクの学説を再評価すべきとの声もある。

ジャン＝バティスト・ラマルク
（1744〜1829）

ヨハン・ヴォルフガング・フォン・ゲーテ （1749−1832）

ゲーテと植物の メタモルフォーゼ

　17、18世紀の「啓蒙の時代」には、狭い分野の専門家ではなく複数の領域で才能を発揮する人物たちが活躍した。ゲーテもこの時代を代表する、多彩な人物である。彼はドイツを代表する文学者であったと同時に、地質学、化学（鉱物学）、光学（色彩学）、そして生物学に対して多くの貢献をしている。リンネの「植物哲学」や「植物命名法」に刺激を受け、独自の植物学を編成し、植物の器官は、原器官から派生した葉からさらに花や、根、茎、葉、果実、種子などの器官が派生して生じるという考えを、1790年に発刊した『植物のメタモルフォーゼ試論』の中で発表している。

第6章

小さくなった世界で
膨張する植物たち

〈近現代／産業革命後〉

大航海時代、そして産業革命を経た
世界で、人類は活動のスケールを発
散的に拡大していく。植物も同じく、
その移動をさらに加速させ、あるもの
は今までにない規模で地上を覆うよう
になっていった。プランテーション作
物に選ばれた植物たちである。変わ
りゆく植物とヒトの関係性とは。

ヒトが自然環境の一部ではなくなったとき

　ここで5章で追いかけてきた、大航海時代から産業革命までの人類史的な意味を考えてみたい。人類史上で最も大きなイベントを挙げるなら（1）農業の発見（とそれに伴う文明の勃興）と、（2）二つの科学革命に挟まれた大航海時代であろう。この二つはヒトという生物の生態系における立ち位置の変化をよく表している。この視点から見ると他の歴史上の出来事はすべて、これら二つのイベントに付随する些末な事のようにも思えてくる。このように考える根拠は、人口の変化にある。ケンブリッジ大学のフレンチは、2016年の論文で考古学的な調査に基づいた旧石器時代（完新世）からの人口推移を概算し、現在に至る人口の変化を一つのグラフで示した。そこでは、横軸（年代）も縦軸（世界の人口）も対数表示となっている。このグラフが明瞭に示すのは、ヒトは一貫して数を増やしてきたが、特に増加率が飛躍的に上昇した時期があるということだ。1回目が文明の勃興期である紀元前5000年頃であり、紀元前数百年頃まで続いた。次の飛躍的な増加は、産業革命前後からの立ち上がりである。実に2,000年ぶりの人類の目覚めと言える。これは17世紀の世界的な人口危機の直後だけに、余計に変化が急激に見える。

　米の生物学者ユージン・ストーマーと、ノーベル化学賞を受賞したパウル・クルッツェンは、産業革命を人類の影響が極大化する契機と見たが、発明の連続だった産業革命のどの発明が世界を変えたとは言いにくい。本当の人口の立ち上がりは大航海時代にあり、たまたま地球を襲った小寒期の影響で実際の立ち上がりが遅れて見えるのかもしれない。そこで、コロンブスの航海からワットの蒸気機関の発明までを一つの大きな流れと見たい。コロンブスらが地球の裏側まで出かけた理由は、3次元地球の検証である。地球が丸いことを信じて海の向こうに出かけた冒険者がコロンブスであり、マゼランであり、バスコ・ダ・ガマである。その成果はスパイスの発見以上に、「新しい主食を世界で共有した」という意味で絶大だった。人口と食料生産には密接な関係がある。新大陸のジャガイモ、トウモロコシ、キャッサバ、サツマイモが、旧世界において耕作不適地での大規模なカロリー生産を可能にした意義は大きい。

産業革命が変えた植物とエネルギーの関係

　イギリスで始まった産業革命では、繊維・織物、蒸気機関、鉄、交通、通信の分野での発明が相次いだ。蒸気機関は熱エネルギーを効率的に仕事に変換するシステムであるため、増大するエネルギー需要に対応するために、エネルギー源としての木材が英国の国土から刈り尽くされた。本来は

エネルギー供給の限界が成長の限界のはずだが、エネルギー源が植物性バイオマスから石炭などの化石燃料に切り替わり、人類はエネルギークライシスを乗り越えた。これを機に人類は地球内部から掘り出したエネルギーを効率的に仕事に変えることができるようになる。これは、ヒトだけでなく、ヒトのパートナーである植物もエネルギーの受給者になったことを意味する。

1日で地球の裏側まで
植物が移動できる世界で

　産業革命で加速した科学技術の進歩は現在も継続し、結果的に世界は小さくなり、植物の移動もさらに加速した。プラントハンターたちが東南アジアの、南米の、そして日本の植物をヨーロッパに持ち帰った当時、ヨーロッパと海を隔てたアジアや新大陸との間の輸送は数週間以上かかったが、今日、植物たちは、地球の裏側まで一日もかからずに移動することができる。産業革命の前と後とでは、人類の生活様式も生活空間のスケールも、人々の移動スピードも大きく変化している。

　それを実現したのは、産業革命以来進化を続けるエネルギーと力の変換装置である。人力に頼らず、家畜を労働代替システムとして使うことを知った地中海式の農耕文化が世界を席巻したように、化石燃料で動く内燃機関の導入により、有用植物の栽培、輸送、加工の現場は急速に機械化していった。少ない労働力で広大な土地を耕作することが一般的になり、農業も流通も加工も大規模化した。

　人類の活動のスケールが発散的に拡大する時代は、それまでの時代と異なりヒトをすでに自然環境の一部ではなく、改変者として位置づけることになった。ヒトの環境への影響力が極大化した時代、ヒトがその存在の痕跡を地質学的に検出可能な物証として刻むことができるようになった時代、それを「人新世」と呼ぶ。狭義の人新世は、わずか半世紀前の地層に打ち込まれるであろう「時代を画するゴールデンスパイク」以降の時代とすべきかもしれないが、本来の人新世の概念の提唱者であるストーマーとクルッツェンの視点に立ち戻れば、産業革命こそが、人新世の始まりである。本章のテーマである「産業革命後の世界と植物」とは、「人新世の世界と植物」と言い換えても良いだろう。本章では、人新世の植物栽培の課題が良く見える実例としてプランテーションでのコーヒー栽培について考える。また、拡大したプランテーションの過去と現状を比べることで新たな問題点を探る。

コーヒーに見る
プランテーションの時代

（221）ブラジルで大規模なプランテーションと奴隷制度によるコーヒー栽培が始まった1870年頃に描かれた光景。ブラジルは19世紀以降、世界のコーヒー生産を担っていった

近現代的プランテーションの始まり

　コーヒーは古くからのプランテーション作物である。歴史上最も古いコーヒーに関すると思われる記述は、9〜10世紀のペルシャの『医学集成』という書籍ではないかと言われている。15世紀にはイエメンに、コーヒーの起源とも言われるカフワと呼ばれる飲み物が登場する。この頃までにエチオピアからイエメンに、複数回に及んでコーヒーノキが伝播してきたと考えられている。イスラム教の一派スーフィー教徒が行う儀式ズィクルに眠気を覚ます飲み物としてカフワが取り入れられ、その後イスラム圏全体に拡がっていった。16世紀には、オスマン帝国を経てヨーロッパにも伝わった。

　15世紀から17世紀にかけ、コーヒー栽培の中心地は一貫してイエメンだったが、2本の苗木がそれぞれインドネシアとインド洋のブルボン島に持ち出され、栽培が始められた。インドネシアの系統のティピカは、オランダの東インド会社によって本格的な栽培に利用され、後にジャワコーヒーと呼ばれるようになる。ティピカ系統は、オランダ、フランスの植物園を経由し、中南米に移されて、プランテーション、つまり大規模な農園における単一作物の大量生産が始まったとされる。なおプランテーションに先駆け、まずヨーロッパの各国で5章で伝えたようなコーヒーブームが起きている。

Rubiaceae.

Coffea arabica L.

（222）コーヒーノキの起源は、約1440万年前のカメルーン付近で近縁
種から分かれて発生し、アフリカ大陸の熱帯雨林域に広がったと分子進
化の研究者らは考えているが、化石などの古生物学的な物証はない

(223) コーヒーノキはアフリカ大陸に43種、マダガスカルに68種、オセアニアに14種が自生。そのうちコーヒーとして人類に利用されているのはアラビカ種、ロブスタ種、リベリカ種の3種のみである

(224) 現代の大規模プランテーションでは収穫用のトラクターを使用し、コーヒーノキを叩くことで実をふるい落として収穫する

コーヒーが示唆するモノカルチャーの脆弱性

アジアや中南米のコーヒープランテーションでは、早くから単一の作物を広大な面積で栽培する集約的な栽培方法が取り入れられる傾向にあった。18世紀末に南インドとスリランカを植民地化した英国は、これらの地でコーヒー栽培事業に着手する。南アジアのコーヒープランテーション経営は順調に拡大したが、19世紀半ば、コーヒー農園で未知の病気が蔓延を始めた。本国から招聘された植物病理学者マーシャル・ウォードが「コーヒーさび病菌（*Hemileia vastatrix*）」を探知し、単一作物のみを栽培するモノカルチャーの弊害を説いたが、農園のオーナーたちは栽培方法の見直しを行わず、結果、スリランカ全土のコーヒーは壊滅してしまった。

コーヒーさび病菌は、19世紀後半にインドネシアでも蔓延する兆しを見せている。このときインドネシアのコーヒー産業を救ったのが、コンゴの密林で発見されたロブスタ種である。また1970年代にもブラジルでコーヒーさび病が発生したが、この病菌に耐性をもつ新種が登場し、植え替えよって壊滅を逃れることとなった。コーヒー栽培は近年になり、より高収量化に向けて栽培の集約化が進んできた作物の一つである。しかし効率のみを追い求めるモノカルチャーは、いつもパンデミックの危険と隣り合わせにあると言える。

人新世の問題点

モノカルチャーが引き金を引く
現代のパンデミック

効率化していく近現代の農業にも落とし穴があった。
前ページに登場したコーヒーさび病から見えたモノカルチャーの課題。

本文中で触れたコーヒーさび病は、現代においても深刻なパンデミックを起こしている。2012年にメキシコで起きたコーヒーさび病のパンデミックの背景は、研究者によって詳細な研究が行われた。その結果、近年の栽培方法の変化がパンデミックの誘因として指摘されている。これを単一作物を広大な面積で覆うモノカルチャーが進んだ近現代的な農耕の問題点を考える例として取り上げてみる。

かつてメキシコでは、樹高40メートルに迫る高木も茂る鬱蒼とした森の中でコーヒーを栽培することが一般的であった。しかしドイツ系移民の子孫が経営する大規模農場では、コーヒー農場植生の単純化が徐々に進んでいった。まず①コーヒーノキ以外の森の樹種が減り、②低木のみをコーヒーノキを覆う木陰として使い、③最後は、コーヒーノキのみにして、直接太陽光が当たる栽培法（サン・コーヒー）に入れ替わった。現地調査とシミュレーションで明らかになったモデルによると、コーヒー農場にコーヒーノキ以外に木陰をつくる木々（シェイドツリー）がどの程度あるかで、コーヒーさび病の発生の可能性が変化する。シェイドツリー被覆率が高い農地では発生しないし、ほとんど被覆されていない場所では発生の危険度が高い。ここまでは単純でわかりやすいが、中程度の被覆度の農地では、発生の予測が難しい。被覆無しの農地に少しずつシェイドツリーを導入して被覆率を上げていっても危険度はなかな

(b)

か低下せず、かなりの被覆率になった時点で一気に危険度が下がる。一方、高被覆率の内からシェイドツリーを取り除いていってもなかなか病気発生の危険度は上昇しない。しかし被覆率の低下がある一点を超えると、一気に危険度が極大化する。つまり極端に被覆率が高い場所と低い場所以外では、病気蔓延の危険度は過去の履歴を引きずって高止まり、あるいは下げ止まりの状態が混在することになる。これは、生態学的なヒステリシスと呼ばれる現象である。

上の事例では、19世紀の助言の正しさが21世紀に証明されたことといえる。ヒトのパンデミック対策から植物に適応できる知見も少なくない。シェイドツリーや抵抗性品種の導入は、過密の回避と集団免疫に相当するかもしれない。動かない植物の病気を媒介するのはヒトの可能性が高いため、ヒトも管理対象となる。もしコーヒー園の中に「多様な森」を部分的にでも再現できれば、多様な微生物相がパンデミックを防ぐだろう。そのような計算された自然回帰に解決の糸口があるように思われる。

アジア、アフリカ、オセアニアの
プランテーションの変化

（225）1823年に出版されたウィリアム・クラークによる『アンティグアに
於ける10の光景』より。カリブ海に浮かぶこの島では17世紀に英国人が
入植しサトウキビの栽培が始まった。当時、欧州各国はプランテーション
作物とされる植物を、発見した地域以外にも持ち込み栽培を広げた

国際資本によるプランテーションの新しいかたち

　サトウキビ、バナナ、カカオ、コーヒー、チャ、パラゴムノキなど、古くからのプランテーション作物は、大航海時代に欧州の主要国が新大陸やアジア・アフリカの植民地で見つけた作物の中で、有用なものを広域に栽培した作物であり、寒冷な欧州では栽培できない熱帯性の植物がほとんどである。その頃始まったプランテーションは、形を変えることなく20世紀初頭まで拡大を続けてきた。例えば綿花の生産は、1905年から1909年にかけて日本、エジプトで減少している一方で、アフリカの仏独英伊の植民地と仏領のオセアニアで大幅に増加している。オセアニアでは11.06倍にも増えている。

　第二次世界大戦後、国家による直接的なプランテーション経営は、国際資本による農園の管理に移行していく。農園が新しい所有者に移行されたケースでは、高度な機械化を実現するなど、世界の需要に応じた変化が見られた。また国際資本によって新たなプランテーションも出現している。トルコはごく最近になって国営の茶のプランテーション開発に力を入れ始め、紅茶の新興生産地および、大消費国に躍り出た。これらは順次民営化される方向にあり、国際資本であるリプトンがプランテーション経営に乗り出している。

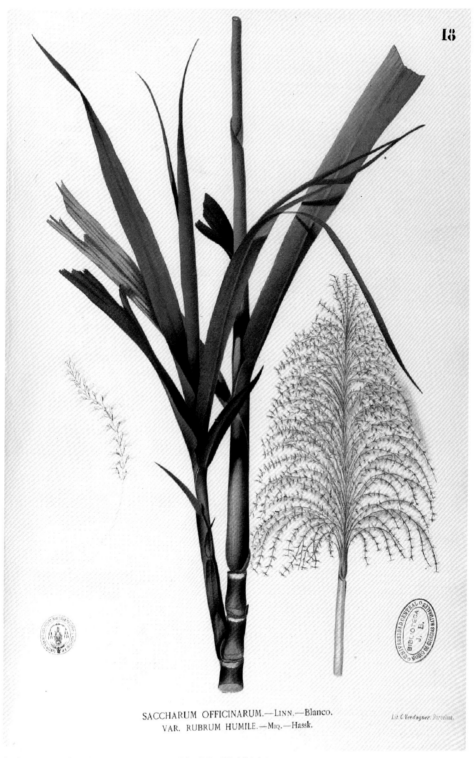

SACCHARUM OFFICINARUM.—Linn.—Blanco.
VAR. RUBRUM HUMILE.—Miq.—Hassk.

Lit C Verdaguer. Barcelona.

（226）インド経由で欧州に伝えられたサトウキビと、現在、世界の製糖産業を支え
るサトウキビとは、実は品種が異なる。現在のサトウキビは、オランダ人がジャワ
島の試験場で野生種との交配試験を繰り返して開発した品種及び、後継品種である

耕作地を塗り替える
エネルギー代替作物

(227) 現代のインドネシア、スラウェシ島に広がるアブラヤシのプランテーション。アブラヤシのみが林立する光景がどこまでも広がっている

膨張を続けるモノカルチャーの新たな主役

　地球を耕し尽くす勢いでこの数十年の間に耕作面積が急激に増えているプランテーション作物がある。代表的なものが、洗剤や油脂の原料となるアブラヤシ（パームオイル）である。紙パルプの原料として成長が早いアカシアおよびユーカリも、ジャングルの伐採によらないパルプ供給に貢献している。

　軽油に代わるバイオディーゼルの供給源として一時的に需要が拡大し、現在は代替肉のタンパク源としての需要が高まっているダイズと、バイオエタノール用途で一過的に供給が逼迫したトウモロコシもプランテーション植物の部類に加えても良いだろう。実際、中南米の古いプ

ランテーションの土地が、これらの栽培に振り分けられている。ダイズやトウモロコシは栽培の歴史そのものは新しくないものの、エネルギー代替作物として、急激に生産量や作付面積が増大しつつある。近年の統計によるとダイズとトウモロコシは約10年間に、世界中で作付面積も生産量も3倍に増えている。人類が農業を始めてからつい最近まで、地球上をこれほど大量のダイズやトウモロコシが覆いつくした時代はなかったことを考えると、人新世の定義通り、地質学的なスケールで検出できるレベルまでの大きな変化となるかもしれない。

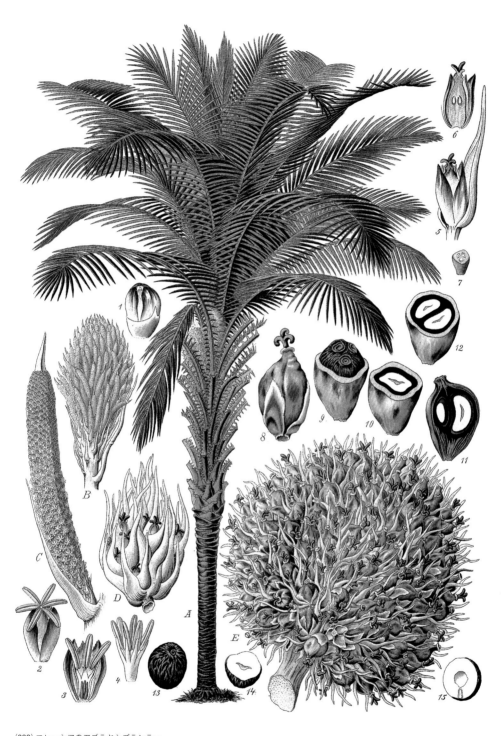

（228）マレーシアのアブラヤシプランテーションでは、ヤシ殻を広大な湿地に野積みして腐敗を促進する廃棄方法が取られていた。しかし温室効果ガスであるメタンが大量に発生するなどの課題が指摘されている

終章

未来を切り拓く
植物と植物科学

〈未来〉

人類出現とともに始まった植物とヒトとの関係性は、この先も途切れることなく続いていく。終章では植物科学から生まれた新しい技術によって実現されつつある未来を覗く。人類が抱える大きな課題に、植物、そして植物科学が明るい道筋を見せてくれている。

植物から学び、進化するヒト
その流れはまだ途切れていない

かつての人類が植物を用いた水の容器をセラミックで代用したように、また植物の薬効成分を再現して薬剤を開発したように、人類の歴史は、植物の機能や構造に学び、それを新素材や新技術で代替してきた歴史でもある。その歴史は今なお刻まれ続け、現代のヒト、つまり我々もその道の途上に立っている。植物が行う最も根源的で、神秘的でさえもある光合成のメカニズムも、近い未来、完全に人工条件下で再現できる日が来るかもしれない。そのときの人工システムの効率や規模は、植物の機能を遙かに凌駕するものになる可能性もある。

植物とヒトとの関係性の本質が予告する未来

今日までの人類の歴史を振り返ると、人類の活動が地球の隅々にまで行き渡るほどに発展をしたのは、植物の恩恵によるところが大きい。本書の最終章にあたり、あらためて問いたい。植物とヒトとの関係の本質である、農業や農耕文化とは何であろうか。

本書では、人類が特定の植物を選び抜き、栽培・管理の方法を発見し、植物自体の生物学的（遺伝的）変化と栽培者（とその社会）の変化がお互いに作用し合って共に「進化」する、植物と栽培者との関係性に注目してきた。また酒造りや酢造りのように栽培した植物のバイオマスを、微生物などを利用して食料や役に立つものに変化させることも農耕文化の特徴である。前者を未来に向けて敷衍すると、生物であるヒトとしての進化ではなく、ヒトの拡張された表現型であるエネルギーの利用方法の進化に注目することになる。後者を未来に向けて敷衍すると、植物の恩恵を最大化するために人に何ができるのかを考えることになる。

後者の流れを汲む「植物バイオマス」プラス「微生物の利用」という視点は、持続可能なバイオリソースの開発など新しいフェーズを迎えつつある。また20世紀後半に誕生した植物科学から生まれた未来技術の「種」が、応用され溢れ出す時代が到来しようとしている。次ページからは先に挙げた人工光合成への挑戦をはじめとした、拡張された「植物科学」が生み出す未来技術をいくつか紹介し、植物と植物科学が切り拓く未来への予告とする。

生物学でも予測できない人類の人口曲線

人類の未来を考えるうえで、人口が問

題の中心になることは間違いないだろう。国連の統計によると、世界の人口は、2011年10月31日に70億人に到達したという。1999年に60億人を達成してから12年で10億人が増えたことになる。筆者のように生物学を専門とする者からすると、この人口曲線はかなり特殊に見える。生物の個体数や微生物の個体密度は、良い環境が与えられると、生物の特性に応じた増殖の割合でねずみ算式に増え、そのうち増殖にブレーキが掛かって安定期を迎える。頭打ちが来るのは『人口原論』でマルサスが説いた「環境が許容する上限」が来るからである。生物学分野では「上限」と「成長率」と生物の「初期密度」がわかれば、かなり正確に個体数の変化を予測できる。しかし人口の予測は簡単にはできない。そもそも環境が許容する上限が知られていないし、そういう値が存在するのかもわからないからである。その意味で、人類が現在進行形で描いている人口曲線は特殊に見える。

人類の未来は明るい
しかし問題は山積みである

　人口の増加と人類の活動スケールの拡大は、密接な関係にある。しかも近年、生物としてのヒトの増加を上回るペースで人類の活動は拡大している。これから「人新世」の後半に突入する人類を待ち受ける課題は、人口の増加に起因する三つの問題と言える。すなわち、①食糧問題、②エネルギー問題、③環境問題である。

　これら①～③の問題はお互いに密接に関連しているため、単独の問題のみを解決しようとしても他の課題がより深刻化することになるだろう。今世紀初めに起きた、②と③の課題を解決するための「バイオ燃料ブーム」では、ダイズをバイオディーゼルに、トウモロコシやコムギをバイオエタノールに変換するために①の食糧問題を逼迫させる結果に終わった。③に関しても「カーボンニュートラル」を拡大解釈した、バイオ燃料のための耕作地の拡大が森林破壊を加速させた側面もあり、総合的に見て環境問題の解決には向かわなかった。

　今後、人類には、どのような選択肢が残されているだろうか。本章では食糧問題、エネルギー問題、環境問題を解決に導く植物科学の未来を展望したい。かつての人類が植物の機能や構造に学び、それを新素材や新技術で代替してきたように、明るい未来に向かうための技術や素材についても植物から学べることはまだまだある。

海水に負けない草や藻類が
代替エネルギー源となる

"持続可能な未来の
バイオエネルギー技術"

アメリカ航空宇宙局（NASA）が植物を利用して環境に優しいジェット燃料開発に取り組んでいることはあまり知られていない。NASAの植物研究者ビラル・ボマーニは、再生可能エネルギー生産において避けるべき次の三つの要素をあげている。①淡水資源との競合、②農地の利用、③食料との競合。③については過去のバイオエタノールブームで、燃料生産に食料分だった穀物まで回され、貧困層の食を圧迫する事態が懸念された。これでは持続可能なエネルギーとは言い難い。このような基準で見たときに、持続可能と言える再エネ生産はどれほどあるだろうか。農地に設置するメガソーラーも、水田をオイルをつくる藻類の池に変えるモデルも、淡水を利用して大量な微生物培養を行うモデルも失格だろう。

ヨーロッパでは、海岸の耕作不適地に育つナタネの近縁の草（*Cakile maritima*）を使ったバイオエネルギーモデルを研究するグループがある。日本では海水中でジェット燃料の原料となる油を効率良くつくる微細藻類の探索と培養技術が開発されている。夏と冬に異なる株の藻類を使い、海水中で太陽光と二酸化炭素からジェット燃料をつくる。NASAの三つの基準を両者は満たしている。そのまま実用化されるかは未定だが、ナタネの近縁の草と藻類を利用したモデルは、間違いなく持続可能な未来のバイオエネルギー技術である。

終草
未来

動物タンパク質を
光合成生物がつくる

　増加する人口を賄うためにこれからより多くの食料が必要となるが、食料増産による活動の環境負荷は非常に大きい。魚介類は人類の重要なタンパク源だが、現時点でも海産資源の枯渇が問われており、持続可能な資源管理や環境負荷の低い養殖技術の開発が必要とされている。しかし養殖の現場は環境への窒素の放出という深刻な問題がある。決して環境負荷は低くない。

　NASAの持続可能な三原則に、ここで四つ目の指標として環境に汚染物質を排出しない「ゼロエミッション」を加えたい。この時点でほとんどの養殖は失格となってしまう。この観点から注目されている生物が、褐虫藻である。褐虫藻は珊瑚礁の生態系で、イソギンチャクやサンゴの体内に共生し、共生させた生物は植物のように光合成を行うようになる。食用となるものに宮古島近海の暖かくてきれいな海に生息する貝、ヒメシャコガイがある。この貝は海水を汲みあげれば陸上でも飼育ができ、餌を必要としないので窒素で海水が汚れることもない。むしろ、褐虫藻の養分として海水中の窒素を効率的に吸収するので、養殖排水の方が海水よりもきれいな水になる。

　そして最も大事な点は、この貝は非常においしい。刺身でも寿司のねたとしても需要が大きく、現在は、高価格帯で取引されている。食用海産資源の未来も光合成にかかっている。

> " 養殖排水の方が
> 海水よりも
> きれいな水に
> なる "

植物バイオマスから
酵母タンパク質を生産

"発酵によって
植物から
タンパク質を得る"

人類はこれまでに微生物を利用し、植物バイオマスを有用な物質に変換してきた。微生物を利用すれば穀物から糖、酒、酢が手に入る。しかしこの過程で糖を酒に変える酵母がタンパク質を産む生物だということはあまり知られていない。穀物を酵母の反応槽に投入すると、100あったタンパク質が500に増える。酵母は穀物をタンパク質に変換する装置と言える。しかもビール酵母によるタンパク質であれば、動物性タンパクと同様に必須アミノ酸を多く含む理想的なタンパク質ができる。

そもそも食肉生産はタンパク質循環の観点からも無駄が大きい。家畜に飼料として与えた穀物中のタンパク質を100とすると、牛肉として得られるタンパク質の量は3のみで、97％が消えたことになる。とは言えタンパク質を穀物から取るとする試算も、ダイズを利用した代替肉のケース以外、現実的ではない。そこで発酵を利用する。仮に2055年に世界人口が100億人に達するとして、発酵によって生産したタンパク質で人類のタンパク質要求量を満たすには、現在の年間穀物生産量の4.7％を割り当てれば可能だ。100年後の人類は大豆タンパクと酵母タンパクを適度にブレンドした代替肉をタンパク源としているかもしれない。そこではタンパク生産の「副産物」であるエタノールが、エネルギー問題の大部分を解決している可能性もある。

家畜が食べるための バイオマスは穀物である 必要はなくなる"

微生物を利用して 新しい家畜用飼料を確保

　地球の定員は何人かという話題をよく耳にする。100億人分の座席が用意されていて、残り30億が定員だとする議論も多い。今現在、座席に座っている野生動物はそう多くない。全ての哺乳類・は虫類・鳥類を合わせても、ヒトの重さの15％程度にしかならない。一方、家畜はヒトの重さの約1.7倍のバイオマスを持つ。家畜の座席を人類の座席に空け渡せば、それだけで166億人分の座席が確保できる。米国ミネソタ大学環境研究所のエミリー・S・カッシディらは、現在の穀物生産量を家畜に回さずに直接人が食べれば、新たに農地を増やさなくても今すぐにも40億人分の追加のカロリーが手に入るという試算をしている。サイエンス誌に掲載された同グループの論文では、畜産をやめることによって農地を増やす必要がなくなり、環境負荷の大幅な低減が期待できるとの試算も報告している。

　しかし微生物の機能を駆使すれば、解決はもっと簡単になるかもしれない。家畜が食べるためのバイオマスは穀物である必要はなくなり、人類と競合しなくとも良くなる可能性もある。キノコに代表される微生物の分解者としての能力は、リグニンやセルロースなどの難分解性のバイオマスも家畜が消化可能なレベルにまで加工できる。成長の早い竹林や草本あるいは、農作物の非可食部位も、穀物に代わって飼料に利用できるようになるはずである。

遺伝子組み換え作物が
耕作可能な土地を増やす

"気候変動に
対応可能な植物の
栽培を可能にする"

遺伝子組み換え技術によって、現在多くの組換え植物（以下、GMO）がつくられている。自然環境下や、従来の植物の交配、伝統的な育種技術ではつくり出せない、新しい機能を持った植物たちである。ここで改めてGMOについても見ていこう。従来の遺伝学に基づく育種と「組み換え」との大きな違いは、遺伝子の水平伝播によって新しい形質が取り込まれることである。交配が不可能な生物間でも遺伝子の交換を可能にし、植物のゲノムに組み込める。それら外来の遺伝子は、「遺伝」によって子の世代にも伝えられる。産業上有用な栽培植物（作物）に新たな外来の遺伝子を導入して発現させたり、もともと備わっている遺伝子の発現を人為的に促進、あるいは抑制したりすることで、これまでになかった新しい形質が付与されたGMOがつくられる。

市場に出回った初期のGMOには、アンチセンスRNA法と呼ばれる技術で、成熟に伴う軟化を防止したトマトなどが知られる。このように貯蔵性を目指したものの他、第一世代としては、除草剤に対する耐性や病害虫への抵抗性を付与された植物や、ビタミン含有量の増大など消費者にメリットを訴えかけるものが作成された。現在は、気候変動に対応可能な植物や、極限環境での栽培を可能にすることで耕作可能な土地を広げ、将来の食糧危機に備える研究などが行われている。

終章 未来

ゲノム編集技術で
新しい植物の誕生が加速

"ゲノム編集の
精度と効率が
向上しつつある"

2020年のノーベル化学賞は、バクテリアが持つ免疫機構を応用したゲノム編集技術「クリスパーキャスナイン」の開発に贈られた。ゲノム編集とは、狙った位置で生きた細胞内のDNAの切断、部分的な除去、新規の配列の挿入を可能にする技術で、道具となるDNAを狙った位置で切断するための酵素キャスナイン（Cas9）を利用した方法が2012年に報告されている。Cas9を切断したいDNAに誘導するためには、ガイドRNAと呼ばれるRNA配列も同時に実験系に導入する必要がある。このガイドRNAの一部を狙ったDNAの配列と「相補的な配列（互いに認識してくっつく配列）」にすることで、Cas9を思い通りの場所で働かせることができる。Cas9によって切断されたDNAは、生きた細胞が本来持っている仕組みによって再結合させられる（修復）。このときに切断部分の両末端の一部の配列と相補的な配列で挟まれた好みのDNA配列を準備しておけば、「相同組換え」という仕組みにより、狙ったDNA配列を挿入することができる。最近はバクテリアにおいては、Cas9を使わなくてもトランスポゾンと呼ばれるゲノム上を動く遺伝子配列を利用したゲノム編集技術も開発され、編集の精度と効率が向上しつつある。今後、植物に対しても簡便で高効率なゲノム編集方法が開発され、これまでになかった植物が作り出されるペースが加速すると思われる。

無重力空間で、海洋で、植物を栽培する

"太陽光だけで完結する植物栽培ユニットの実証研究"

人類は常に新しいフロンティアを開発してきた。歴史時代以前から始まり、ヒトは誕生したアフリカの地を起点に、長い旅を通じて地球上に拡散して現在に到る。農業を発見する以前でも拡散することによって人口を倍加させた時期が、完新世の始まる前に相当するだろう。人口論では、必ず人口の上限を設定した議論を行う。しかし人類が住める土地が拡大すれば人口密度は下がり、人口の絶対数の上限に余裕ができる。

現在の人類に残されたフロンティアは、海洋と宇宙である。海洋は光の届く表層の利用から始まり、深海域の利用へと進むだろう。宇宙も地球を周回する軌道を離れ、小惑星や惑星および衛星の利用へと進むだろう。新しいフロンティアには危険が伴う。まず人類に先行して別の生物を送り込むはずである。また新たなフロンティアでは居住空間だけでなく、食料生産の場を確保する必要がある。この二つの観点から、海洋と宇宙という二つのフロンティアに植物を伴う、あるいは先行して植物を定着させるための研究に着手した国がいくつか出てきた。伊・フィレンツェ大学では、海上に淡水植物の栽培を可能にするフロートを設置し、太陽光だけで、水の循環と植物の栽培を完結できるユニットの実証研究を行っている。また欧州宇宙機構のプロジェクトとして、宇宙の無重力空間での野菜生産に向けた複数の研究が行われている。

成長する植物型ロボットと、
細胞サイズのマイクロ・ロボット

人類が新たなフロンティアを探すとき、探査機を使うことになるだろう。そのためには忍耐強いロボットがほしい。これまでのロボットはヒトあるいは動物の機能や構造を模倣する方向で進化してきた。しかしフロンティアの開拓には、開拓者としての機能に秀でた生物を模倣すべきだと、フィレンツェ大学のステファノ・マンクーゾ教授は主張する。EUのロボティクスの研究所と連携し、環境を知覚し、探索ができ、光エネルギーを利用し、開拓の過程で自ら成長もし、さらに土地を作り替えることもできる植物型のロボットの要素技術を開発している。

ロボットが進むべきフロンティアには小型化もある。細胞や微生物サイズで、エネルギー的にも意思決定の上でも、自立かつ自律的なロボットである。モデルは光合成によってエネルギー的に自立し、「自由意思」に従って運動を行う微細藻類や緑色の原生生物だろう。方向性としてはロボットを微生物細胞に近づける方法と、微生物細胞を生きたロボットとして利用する方法がある。生きた細胞やマイクロ・ロボットが混在する空間に、光合成で駆動するマイクロ・コンビナート・システム（ミクロの世界の工業地帯）が築かれ、生産、輸送、原料の調達を、すべてマイクロ・ロボットが行うような将来構想のもと世界の複数のグループが研究を進めている。

> "微生物細胞を生きたロボットとして利用する"

人工光合成の実現で
二酸化炭素が資源になる

"植物が持つ根本的な機能を人工的に再現する"

植物は地球という1つの生態系の中で唯一の第一次生産者である。植物が太陽光のエネルギーを補足し、効率良く無機炭素である二酸化炭素を固定して有機物を生産するからこそ、その他の生物が生きられる。我々人類を含む動物たちは、植物の恩恵で生きている。この植物が持つ根本的な機能である光合成を人工的に再現する試みも行われている。

植物が行う光合成は以下の3つの機能に分けられる。①光を利用してエネルギーを取り出す光化学反応の仕組み（明反応）、②前者で得られたエネルギーを使って有機物をつくる仕組み（暗反応）、そして③暗反応で利用するための二酸化炭素を効率的に集め濃縮する仕組み（炭素濃縮）である。日本の多くの研究者が①を人工的に再現するための素材開発の分野で世界の研究をリードしている。この分野は光触媒化学からスタートした。地球温暖化対策としても注目を集める②、および③の研究も世界で進められている。2022年現在、日本の事例としては、東京大学、大阪大学、理化学研究所などが企業と連携して進めている研究がまさしく、光合成の要素技術を応用して、太陽光や風力などの自然エネルギーを有機物合成のエネルギーに利用するための取り組みである。この技術開発が目指すものが完成できれば、二酸化炭素は厄介者から一転して貴重な資源となるだろう。

おわりに

本書では、①植物の進化を加速させるヒトの役割と②植物の恩恵によって「実質的に」進化してきたヒトの姿を描くことを試みた。「実質的な」進化というのは、リチャード・ドーキンスの言う拡張された表現型として捉える社会的生物・人類の進化である。生存に有利な表現型を獲得できたかどうかは個体数（人口）の変化でわかる。シカゴ大のリチャード・レンスキーは微生物の進化において、未利用エネルギーの利用を可能にする遺伝子の変異が増殖の上限値（環境収容力）を大幅に上昇させた事例を報告している。筆者はヒトの場合も植物からのギフトとも言える2種類のエネルギー源を手にしたことで環境収容力の限界値を上昇させてきた可能性を考えている。つまり、（1）主食としての栽培植物の獲得（農業）と（2）植物遺体がつくった化石燃料の獲得（産業革命）である。人類が未来を切り拓くヒントは、変化する「環境収容力」にあるかもしれない。

河野智謙

登場植物　索引

図版出典・提供・協力

1、3、5、6、7、8、10、12、13
Flammarion, C.（1857）Le Monde Avant La Création De L'Homme.（Paris）日仏科学史資料センター管理書籍

2、4、15、16、17、19、24、27、32 、33、36、43、45、66、67、72、83、84、85、86、88、89、95、96、98、101、102、103、105、108、116、118、130、134、135、136、137、142、159、164、166、170、171、172、173、176、178、180、182、183、187、194、196、197、198、200、202、205、209、222、226、228
Biodiversity Heritage Library

9
Renault, B.（1888）Les Plantes Fossiles.（Paris）日仏科学史資料センター管理書籍

11、69
Fabre, J.H.（1876）Lectures Sur La Botanique（Paris）日仏科学史資料センター管理書籍

14
Huxley, Th. H.（1896）Physiographie introduction à l'étude de la Nature.（Paris）日仏科学史資料センター管理書籍

18
北九州市立自然史・歴史博物館

20、21、22、23、38、39、40、41、47、53、54、55、58、59、60、61、62、63、64、68、70、71、76、77、80、90、93、94、111、112、113、114、115、119、120、121、122、126、127、137、138、139、140、141、143、144、145、148、149、150、154、155、156、157、158、162、163、165、167、169、174、177、184、185、188、203、207、208、215、216、219、220、221、223、224、225、227、a、b
アフロ

26
金箱文夫（編）1987『赤山 写真図版編』川口市遺跡調査会報告第11集、川口市遺跡調査会

29、30、31
佐賀市教育委員会

34、35（丸山遺跡）
三内丸山遺跡センター

37
奈良文化財研究所

42、199
Decaisne & Herincq（1850）Figure Pour L' Almanach Du Bon Jardinier（18e ed.）（Paris）日仏科学史資料センター管理書籍

44
山形県立うきたむ風土記の丘考古資料

46、78、81、109、110、117、133、189、190、191、211、214、217、218
国立国会図書館書誌データ

48
石川県埋蔵文化財センター

56、57、74、75、201
istock

65、186、204
army

79
唐津市末盧館

87、92、107、168
Aubert, E.（1901）Histoire Naturelle Des Êtres Vivants（Paris）日仏科学史資料センター管理書籍

97
Liger, L.（1715）Le Ménage des Champs et de la Ville, Ou le Nouveau Jardinier Francois Accommodé au Goust du Temps.（Paris）日仏科学史資料センター管理書籍

100
Karsch（1855）Die Kartoffelkrankheit. Natur und Offenbarung 1: 60-71. 日仏科学史資料センター管理書籍

206
Pizon, A.（1916）Anatomie et Physiologie Végétale.（Paris）日仏科学史資料センター管理書籍

82、91、99、104、128
Bocquillon, H.（1868）Biblioteque des Meveilles la Vie des Plantes.（Paris）日仏科学史資料センター管理書籍

106
Bateson, W.（1914）Mendels Vererbungstheorien（Leipzig, Berlin）日仏科学史資料センター管理書籍

123、132
Dickerman, C.W.（1876）How to make the Harmer pay; or Farmer's book of practical information on agriculture, stock raising, fruit culture, special crops, domestic economy and family medicine.（Philadelphia, Chicago）日仏科学史資料センター管理書籍

124、125
Darwin, C.（1890）Les mouvements et les habitudes plantes grimpantes（The power of movement in plantsの仏語訳版）.（Paris）日仏科学史資料センター管理書籍

129、131
Step, E.（1904）Wayside and Woodland Trees.（London）日仏科学史資料センター管理書籍

151
中部森林管理局

152
宮崎南部森林管理署

160
Flore Des Serres et Des Jardins de L'Europe. Vol. 23. P. 160（1880）

161
Millican, A.（1891）Travels and Adventures of an Orchid Hunter.

175、179
（1771）PHARMACOPEE DU COLLEGE ROYAL DES MEDECINS DE LONDRES（仏語版）日仏科学史資料センター管理書籍

181
正倉院正倉

192
Bocquillon, H.（1868）Biblioteque des Meveilles la Vie des Plantes.（Paris）日仏科学史資料センター管理書籍

193
Le Botaniste（1889：創刊号, 1945：最終号）Paris.（Dangeard, P.-A. 編集）日仏科学史資料センター管理書籍

195
パリの出版社（Librairie J.-B. Bailliere et Fils）による書籍「Atlas Manuel de Botanique」の広告（1887）日仏科学史資料センター管理書籍

213
ライデン国立民俗学博物館

参考文献

(P82, 152) R.M.ロバーツ (著)、安藤喬志 (訳) (1993)『セレンディピティー 思いがけない発見・発明のドラマ』化学同人

(P16) Jossang, J. 他4名 (2008) Quesnoin, a novel pentacyclic ent-diterpene from 55 million years old Oise amber. J. Organic Chem. 73 (2) : 412-417.

(P16) Brasero, N. (2009) . Insects from the early Eocene amber of Oise (France) : diversity and palaeontological significance. Denisia. 26: 41-52.

(P20) Fuller, D.Q. 他7名 (2014) Convergent evolution and parallelism in plant domestication revealed by an expanded archeological record. Proc. Natl. Acad. Sci. U.S.A. 111: 6147-6152.

(P20) Larson, G. 他 (2014) Current perspectives and future of domestication studies. Proc. Natl. Acad. Sci. U.S.A. 111: 6139-6146.

(P20) Perez-Escobar, O.A. 他28名 (2021) Molecular clock and archeogenomics of a late period Egyptian date palm leaf reveal introgression from wild relatives and add timestamps on the domestication. Mol. Biol. Evol. 38: 4445-4492.

(P20, 50, 55, 61, 62, 71, 85, 86, 95, 140) 中尾佐助 (1966)『栽培植物と農耕の起源』岩波書店

(P23) Ellison, R. (1981) Diet in Mesopotamia: The evidence of the early ration texts (c. 3000-1400 B.C.). Iraq 43(1): 35-45.

(P23) Ellison, R. (1978) A study of diet in Mesopotamia (c. 3000-600 B.C.) and associated agricultural techniques and methods of food preparation. Univ. London.

(P34, 40, 91, 167, 185) 芝康次郎 (2016)『古代における植物性食生活の考古学的研究』奈良文化財研究所紀要2016, pp.40-41.

(P26) 毛藤謹治、四手井綱英、村井貞允、指田豊、毛藤圀彦 (1989)『ユリノキという木』アボック社出版局

(P31) 佐賀市 (2005) 東名遺跡の調査概要ー第2期の調査についてー

(P31) 西田巌 (2014)『縄文時代早期末の環境と文化』名古屋大学加速器質量分析計業務報告書XXV:19-26.

(P41) Kawano, T. 他3名 (2012) Grassland and fire history since the late-glacial in northern part of Aso Caldera, central Kyushu, Japan, inferred from phytolith and charcoal records. Quaternary International 254: 18e27.

(P40) 湯浅浩史 (2013)『ヒョウタンと古代の海洋移住』Ocean Newsletter第306号

(P50) Arranz-Otaegui 他4名 (2018) Archeological evidence reveals the origins of bread 14,400 years ago in northeastern Jordan. Proc. Natl. Acad. Sci. U.S.A. 115: 7925-7930.

(P50) Ritcher, T. 他14名 (2017) High resolution AMS dates from Shubayqa 1, northeast Jordan reveal complex origins of late epipalaeolitic Natufian in the Levant. Sci. Rep. 7(1):17025.

(P46) Mancuso, S. (2014)『植物を愛した男たち (原題:Uomini che amano le piante.) 』

(P62) 吉崎昌一 (1997)『縄文時代におけるヒエ問題』文部科学省科学研究費重点領域研究 News Letter 2: 5-6.

(P63) Gao, L.-Z. (2015) Microsasatellite variation within and among populations of Oryza offcinali (Poaceae) , an endangered wild rice from China. Molecular Ecology 14: 4287-4297.

(P63) Gao, L.-Z. (2004) Population structure and conservation genetics of wild rice Oryza rufipogon (Poaceae) : a region-wide perspective from microsatellite variation. Molecular Ecology 5: 1009-1024.

(P63) Vigueira, C.C. (2019) Call of the wild rice: Oryza rufipogon shapes weedy rice evolution in Southerneast Asia. Evolutionally Applications 12 (1): 93-104.

(P64) 伊澤毅 (2017)『遺伝子の変化から見たイネの起源』日本醸造協会誌 112 (1) : 15-21.

(P64) Huang, X. 他34名 (2012) A map of rice genome variation reveals the origin of cultivated rice. Nature 490: 497-501.

(P64, 66) 佐藤洋一郎 (2002)『稲の日本史』角川選書

(P68) 石川文康 (1996)『そば打ちの哲学』ちくま新書

(P68) 大西近江 (2018)『栽培ソバの野生祖先種を求めてー栽培ソバは中国西南部三江地域で起源したーヒマラヤ学誌19:106-114.

(P72) Nishiyama, M.Y. 他5名 (2014) Full-Length enriched cDNA libraries and ORFeome analysis of sugarcane hybrid and ancestor genotypes. PLoS ONE 9 (9): e107351.

(P80) Munoz-Rodriguez, P. 他13名 (2018) Reconciling conflicting phylogenies in the origin of sweet potato and dispersal to Polynesia. Curr. Biol. 28 (8): 1246-1256.

(P80) O'brien, P.J. (1972) The sweet potato: Its origin and dispersal. Amer. Anthropologist 74: 342-365.

(P76) Roullier, C. 他3名 (2013) History of sweet potato in Oceania. Proc. Natl. Acad. Sci. U.S.A. 110(6): 2205-2210.

(P80) Yen, E. (1963) The New Zealand Kumara or sweet potato. Economic Botany 17: 31-45.

(P80) Goodwin, S.B. 他3名 (1994) Panglobal distribution of a single clonal lineage of Irish potato famine fungus. Proc. Natl. Acad. Sci. U.S.A. 91: 11591-11595

(P82) Karsch, (1855) Die Kartoffelkrankheit. Natur und Offenbarung 1: 60-71.

(P82, 173, 174) Liger, L. (1715) Le ménage des champs et de la ville, ou le nouveau jardinier François accommodé au goust du temps. Chez Michel David, Paris.

(P82) Yoshioka, H. 他2名 (2008) Discovery of oxidative burst in the field of plant immunity: Looking back at the early pioneering works and towards the future development. Plant Signaling and Behaviors 3 (3): 153-155.

(P82) 河野智謙 (2013)『ショウベンハウエルの哲学から顕微鏡を駆使した細胞の構造解明までを論じた植物収集家 Anton Karsch (1822-1892) 』北九州市立大学国際論集 11: 99-111.

(P89, 90, 141) 稲垣栄洋 (2018)『世界史を大きく動かした植物』PHP出版

(P92) 小泉武夫 (2016)『醤油・味噌・酢はすごいー三大発酵調味料と日本人』中央公論新社

(P87, 92) 日本豆腐協会「豆腐の歴史」(WEB)

(P93) Isnaeni, H.F. (2012) Sejarah Tempe. HistoriA (URL: https://historia.id/kultur/articles/sejarah-tempe-vX7XD/page/1)

(P93) Gulliet, E.T. (2017) Tempe Bungkil Kacang Tanah Khas Malang Malang Peanut Presscake Tempe. Journal Pangan 26(3): 363

(P91) 那須浩郎、他5名 (2015)『炭化種実資料からみた長野県諏訪地域における縄文時代中期のマメの利用』資源環境と人類:明治大学黒耀石研究センター紀要5:37-52.

(P96) Koenen, E.J.M. 他9名 (2021) The origin of the legumes is a complex paleopolyploid phylogenomic tangle closely associated with the Cretaceous-Paleogene (K-Pg) mass Extinction event. Syst. Biol. 70 (3) : 508-526.

(P98, 100, 102, 170) 篠遠喜人 (1941)『十五人の生物学者』河出書房

(P100) Rogers, S.O. and Kaya, Z. (2006) DNA from ancient cedar wood from king Midas' tomb, Turkey, and Al-Aksa mosque, Israel. Silvae Genetic 55(6): 54-62.

(P104) Albright, W.F. (1920) Goddess of life and wisdom. Am. J. Semitic Languages Literatures 36(4): 258-294.

(P104) Kennedy, J.A. 他2名 (2006) Grape and wine phenolics: History and perspective. Am. J. Enol. Vitic. 57(3): 239-248.

(P104) 菅淑江、田中由紀子 (1993)『葡萄考 (I) ー葡萄のルーツ』中国短期大学紀要 24: 29-49.

(P112) Sonneman, T. (2012) Lemon - A global history. Reaktion Books (London).

(P112) Langgut D. (2017) The citrus route revealed: from Southeast Asia into the Mediterranean. HortScience 52: 814-822.

(P112) Deng, X., Yang, X., Yamamoto, M., Biswas, M.K. (2020) Domestication and history (Chapter 3). In: The Genus Citrus. (Eds. Talan, M., Caruso, M. and Biswas, M.K.), Elsevier, pp. 33-55.

(P112) Scott, A. 他13名 (2021) Exotic foods reveal contact between South Asia and the near East during the second millennium BCE. Proc. Natl. Acad. Sci. U.S.A. 118(2): e2014956117.

(P118) Kilic, A. 他3名 (2004) Volatile constituents and key odorants in leaves, buds, flowers, and fruits of Laurus nobilis L. J. Agric. Food Chem. 52: 1601-1606.

(P120) Widrlechner, M.P. (1981) History and utilization of Rosa damascena. Econ. Botany 35(1): 42-58.

(P120, 183) 上田善弘 (2010)『バラとその栽培の歴史 ー 人とバラのかかわりからー』におい・かおり環境学会誌41(3): 157-163.

(P122, 126) Evans, J. (Ed) (2009) Planted forests. Uses, impacts and sustainability. Food and Agriculture Organisation of the United Nations.

(P122) Riley, F.R. (2002) Olive oil production on bronze age Crete: nutritional properties, processing methods and storage life of Minoan olive oil. Oxford J. Archaeol. 21(1): 63-75.

(P124) Dehkordi, S.A. 他2名 (2015) A study on the significance of cypress, plantain and vine in Persian culture, art and literature. Mediterranean J. Social Sci. 6(5): 412-416.

(P124) Mao, K. 他4名 (2010) Diversification and biogeography of Juniperus (Cupressaceae) : variable diversification rates and multiple intercontinental dispersals. New Phytologist 188(1): 254-272.

(P124) Little, D.P. 2006. Evolution and circumscription of the true cypresses (Cupressaceae: Cupressus). Systematic Botany 31 (3): 461-480.

(P126, 180) 荒川理恵 (2003)「スサノヲとグリーンマン」学習院大学上代文学研究: 35-48.

(P126) 田中敦夫 (2019)「森林ジャーナリストの『思いつき』ブログ」2019年10月28日「世界最古の植林は、いつ、どこか。」(WEB)

(P127) Morgan, T.H. (1919) A critique of the theory of evolution. Princeton Univ. Press. (3rd. Rev. Print), pp. 150-151.

(P126) DeWoody, J.A. 他3名 (2009) "Pando" lives: molecular genetic evidence of a giant aspen clone in central Utah. Western North American Naturalist 68:493-497.

(P126) 渡辺和子 (2016)「『ギルガメッシュ叙事詩』の新文書—フンババの森と人間—」死生年学報2016 pp.167-180.

(P139) 鹿島茂 (2009)「馬車が買いたい」白水社

(P138) Millican, A. (1891) Travels and Adventures of an Orchid Hunter. Cassell and Company, Ltd. (public domain)

(P140) 大森正司 (2017)「お茶の科学 「色・香り・味」を引き出す茶葉のひみつ」講談社

(P141) 林望、他9名 (1992)「イギリスびいき」講談社

(P144) Kafi, M. 他4名 (2018) An Expensive spice saffron (Crocus sativus L).: a case study from Kashmir, Iran, and Turkey. In: M. Ozturk et al. (Eds), Global Perspectives on Underutilized Crops. Springer International Publ., pp. 109-149.

(P145) Moradi, K. and Akhondzadeh, S. (2021) Psychotropic effects of saffron: A brief evidence-based overview of the interaction between Persian herb and mental health. J. Iran. Medic. Counc. 4(2): 57-59.

(P144) エディット・ユイグ (1998)『スパイスが変えた世界史—コショウ・アジア・海をめぐる物語』新評論

(P146) 宇賀田為吉 (1973)「タバコの歴史」岩波書店

(P146) 仁尾正義 (1941)「煙草の科学」河出書房

(P146) 和田光弘 (2004)「タバコが語る世界史」山川出版社

(P147) Yukihiro, M. 他2名 (2011) Lethal impacts of cigarette smoke in cultured human cells. Tobacco-Induced Disease 9:8

(P148) Asogwa, E.U. 他2名 (2006) Kola production and utilization for economic development. African Scientist 7(4): 217-222.

(P148) Askitopoulou, H. 他2名 (2002) Archeological evidence on the use of opium in the Minon world. International congress Series 1242: 23-39.

(P151) Cohen, M.M. (2006) Jim Crow's drug war: Race, Cola Cola, and the Southern origins of drug prohibition. Southern Cultures 12(3): 55-79.

(P151) 中尾佐助 (1993)「農業起源を訪ねる旅」岩波書店

(P148) McPartland, J.M. 他2名 (2019) Cannabis in Asia: its center of origin and early cultivation, based on a synthesis of subfossil pollen and archaeobotanical studies. Vegetation History and Archaeobotany 28: 691-702.

(P148) Biondichm, A.S. and Joslin, J.D. (2015) Coca: High altitude remedy of the ancient Incas Wilderness & Environmental Medicine 26 (4): 567-571.

(P154) Burton, G.F. (1924) The "New era" chocolate book. Homr made chocolates/Bon-bons/Deserts/fine art sugar work.

(P154) Pellutier, A. & Pertier, E. (1861) Le Thé et le Chocolat Dans L'alimentation publique. Paris.

(P156) Urdang, G. (1942) The mystery of the first English (London) pharmacopeia (1618). Bull. of History of Medicicine. 12(2): 304-313.

(P157) 井口麗和 (2013)「フランスの芸術家とアブサン」日仏科学史資料センター紀要 7 (1): 55-57.

(P159) 渡邊武 (2001)「正倉院薬物がかたること」日本東洋医学雑誌　51(4):591-608.

(P159) 渡邊武 (1956)「正倉院薬物の研究」学位論文 (京都大学)

(P162) Gentilcore, D. (2009) Taste and the tomato in Italy: a transatlantic history. Food and History 7(1): 125-139.

(P162) 宇田川妙子 (2008)「イタリアの食をめぐるいくつかの考察：イタリアの食の人類学序説として」国立民族学博物館研究報告. 33(1): 1-38.

(P165) 山本紀夫 (2016)「トウガラシの世界史」中公新書

(P165) 姜怡辰 (2016)「トウガラシがたどった道：世界の食文化を変えたスパイス」決断科学 2:61-65.

(P165) 榎戸譲一 (2010)「江戸時代の唐辛子 — 日本の食文化における外来食材の受容」国際日本学論叢 7: 142-119.

(P166) 青葉高 (1989)「野菜の博物学—知って食べればもっとオイシイ!?」講談社

(P166) 桑田訓也 (2014)「木簡に見える香辛料」平成25年度 山崎香辛料財団研究助成成果報告書、pp.31-35

(P170) 皆川豊作 (1940)「園芸利用工業」朝倉書店

(P170) 河野智謙 (2013)「園芸学研究の系譜(1): 近代園芸のルーツを16世紀イタリアの植物園に見る」日仏科学史資料センター紀要 7(1): 43-51.

(P170) Kawata, Y. (2011) Economic growth and trend changes in wildlife hunting. Acta Agriculturae Slovenica 97: 115-123.

(P174, 176) 春山行夫 (2012)「花の文化史 花の歴史を作った人々」日本図書センター

(P177) ゲーテ (著)、木村直司 (訳) (2009)「ゲーテ形態学論集・植物編」ちくま学芸文庫、pp.378~408.「著者は自己の植物研究の歴史を伝える」

(P177, 181) Fortune, R. (1863) Yedo and Peking. A narrative of a journey to the captals of Japan and China. John Murray, London.

(P176) Tree and Shrubs online (WEB)

(P176, 184, 190) 木下武司 (2017)「和漢古典植物名精解」和泉書院

(P183) 野村和子 (2007)「バラの系譜」恵泉女学園大学園芸文化研究所報告:園芸文化 4: 26-39.

(P183, 184) Nelson, E.C. (1999) So many really fine plants. An epitome of Japanese plants in western European gardens. Curtis's Botanical Magazine 16(2): 52-68.

(P186) 大澤啓志、新井恵璃子 (2016)「我が国におけるアジサイの植栽に対する嗜好の時代変遷」日本緑化工学会誌 42(2): 337-343.

(P187) Johnson, D. (1982) Japanese prints in Europe before 1840. The Burlington Magazine 124(951): 343-348.

(P189) ロス・キング (長井那智子訳) (2018)「クロード・モネ 狂気の眼と『睡蓮』の秘密」亜紀書房

(P186) フィリップ・ティエボー、フランソワ・ル・タコン、山根郁信 (2003)「エミール・ガレ——その陶芸とジャポニズム」平凡社

(P190) 有岡利幸 (2005)「資料 日本植物文化誌」八坂書房

(P190) 野村圭佑 (2016)「江戸の自然史『武江産物志』を読む」丸善

(P191) 野間晴雄 (1978)「野生ユリの栽培化から球根商品化への過程」人文地理 30 (3):19-34.

(P204) 旦部幸博 (2017)「珈琲の世界史」講談社

(P204) Tsing, A.T. 他2名 (2019) Patcy Anthropocene: Landscape structure, multispecies history, and the retooling of anthropology. Current Anthropology 60: S186-S197.

(P204, 207) Perfecto, I. 他2名 (2019) Coffee land scape shaping the Anthropocene. Forced simplification on a complex agroecological landscape. Current Anthropology 60: S236-S250.

(P208) Vera, J. and Depardon, M. (2013) Turkey: Tea farning to be privatized? Beauverie, J. (1913) Les Textiles Vegetaux. Paris

(P68) 越智三智 (2020)「ラブソディーイングリーン (ヴィーガンになる前に読む本)」(WEB)

(P221) Strecker, J. 他6名 (2019) RNA-guided DNA insertion with CRISPR-associated transposases. Science 365(6448): 48-53.

(P216) Bomani, B. (2011) Plant fuels taht could power a jet. TEDxNASA@SiliconValley

(P216) Maeda, Y. 他4名 (2018) Marine microalgae for production of biofuels and chemicals. Curr. Opin. Biotechnol. 50: 111-117.

(P218, 219) Cassidy, E.S. 他3名 (2013) Redefining agricultural yields: from tonnes to people nourished per hectare. Environ. Res. Lett. 8(3): 034015

(P218, 219) West, P.C. 他10名 (2014) Leverage points for improving global food security and the environment. Science 345(6194): 325-328.

(P202) French, J.C. (2016) Demography and the paleolitic archaeological record. J. Arcaeol. Method Theory 23: 150-199.

(P203, 210, 215, 225) Kawano, T. (2019) Anthropocene is the epoch in which we handle our future. Bulletin du Centre Franco-Japonais d'Histoire des Sciences 13(1): 1-18.

(P222-224) ステファノ・マンクーゾ (2018)「植物は〈未来〉を知っている—9つの能力から芽生えるテクノロジー革命」NHK出版

河野智謙

かわの・とものり／北九州市立大学国際環境工学部環境生命
工学科教授（国際光合成産業化研究センター長）。フィレンツェ
大学付属国際植物ニューロバイオロジー研究所（LIVN）北九州
研究センター長。パリ大学・パリ学際エネルギー研究所（PIERI）
国際メンバー。理化学研究所・光量子工学研究センター・客員
研究員。北九州市立自然史・歴史博物館・受託研究員。日仏
学史資料センター（パリ・北九州）・センター長。生物の光応答・
環境応答・光合成、植物─微生物相互作用、数理生物学、
科学史（植物学史）などを専門に研究。

デザイン　　TRANSMOGRAPH
イラスト　　たつみなつこ
編集　　　　庄司真木子（グラフィック社）

ヴィジュアルで見る **歴史を進めた植物の姿**

植物とヒトの共進化史

2022年2月25日　初版第1刷発行

著者　　　河野智謙
発行者　　長瀬 聡
発行所　　株式会社グラフィック社
〒102-0073 東京都千代田区九段北1-14-17
Tel.03-3263-4318（代表）　03-3263-4579（編集）
Fax.03-3263-5297
郵便振替 00130-6-114345
http://www.graphicsha.co.jp/

印刷・製本　図書印刷株式会社

ISBN978-4-7661-3645-6 C0040
Printed in Japan